CAM가공을 위한 ESPRIT

조남성 지음

도서출판 W 위즈덤플

머리말

지금은 3축 CNC공작기계가 기초가공 기술이 된 시대입니다. 산업체는 생존 경쟁에서 살아남기 위해 고부가가치 제품 생산을 추구하게 되었고 이에 따라 TURN-MILL, 복합기, 5축 가공기 등의 도입이 이루어졌습니다. CAD/CAM을 활용하여 제품을 누가 더 스마트하게 가공할 수 있고, 치수 혹은 위치에 대한 정밀도에 대한 요구를 맞출 수 있느냐에 따라 경쟁력을 좌우합니다.

본 교재는 5축 가공 기술에 필요한 CAM가공 기술에서 ESPRIT 이라는 프로그램을 활용하여 프로그램을 생성하는 방법에 대해 학습합니다.

다양한 5축 CAM가공 소프트웨어가 있고 프로그램의 선택은 회사나 사용자의 몫이지만 보다 다양한 경험을 통해 개인의 역량을 향상시킬 수 있습니다. 본 교재는 학생들에게 보다 많은 프로그램을 학습시켜 현업에서의 CAM 프로그램 활용 및 선택 할 수 있는 능력을 향상시키고자 합니다.

ESPRIT 프로그램의 전반적인 내용을 포함하며 기초에 대한 부분의 비중이 크므로 5축 CAM 프로그램을 사용해보지 않은 분도 쉽게 접근할 수 있다고 생각합니다.

본 교재가 여러분들의 5축 기계가공 분야에서의 역량 향상에 도움이 되기를 진심으로 바랍니다.

책이 완성되기까지 많은 도움을 주신 교수님들과 관계자분들께 깊은 감사 드립니다.

2023년 저자 올림

차례

PART I
ESPRIT 구성 및 시작

PART I

Chapter 1. ESPRIT의 구성

1.1 화면구성

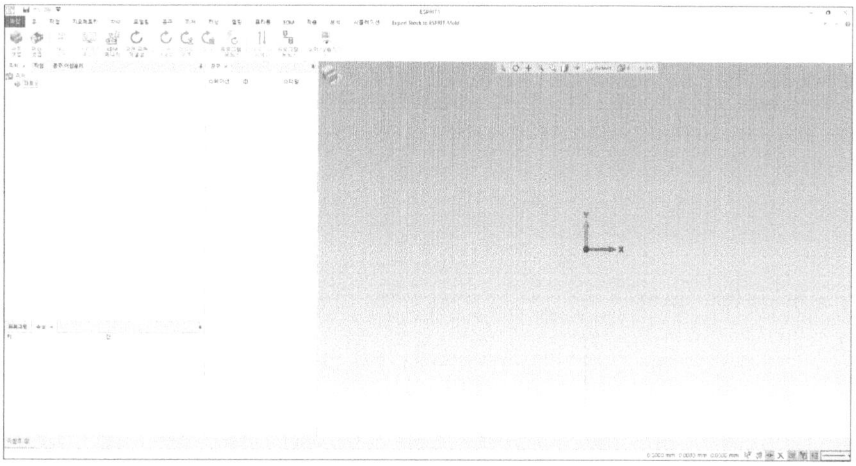

(1) 메뉴바

메뉴바는 ESPRIT의 가장 대표적인 메뉴들이 모여있는 툴바이다.

(2) 툴바

각각의 메뉴를 클릭하면 하위 메뉴가 펼쳐지면서 화면상에 사용 가능한 메뉴들이 표시된다.

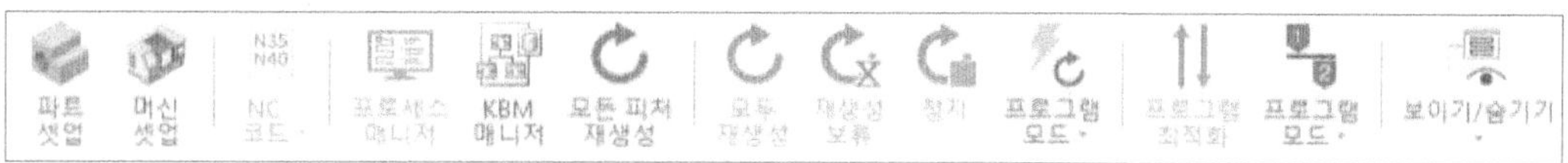

(3) 작업 영역

도면 데이터를 비롯하여 가공 경로 등, 프로그램을 작성하는 부분으로 바탕화면 색은 사용자가 원하는 색으로 바꿀 수 있다.

☑ 바탕화면 색상 변경

파일 → 옵션 → 보기 → 백그라운드의 색깔 및 그라디언트 사용 수정

(4) 상태 표시 영역

선택 가능 모드를 표시하며 좌측 하단에 위치하고 있다. 각각의 영역은 마우스로 클릭하면 해당 기능이 'ON' 되고, 사용이 가능하다. 다시 마우스로 클릭하면 해당 기능이 'off' 된다.

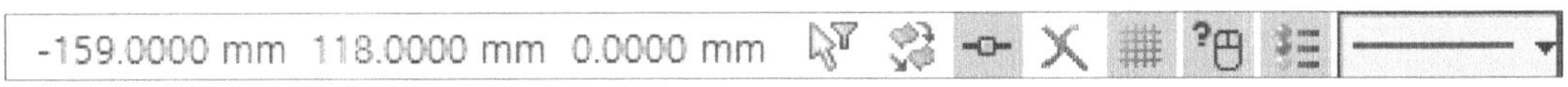

1) 선택필터 

선택 필터는 특정 유형의 요소를 선택하는 기능을 사용하거나 사용하지 않도록 설정한다. 필터는 요소 그룹(지오메트리, 바디, 커브, 피처, 공구 경로) 또는 특정 유형의 요소(점, 면, 체인 등)에 적용할 수 있다. 항목 또는 그룹을 마우스 오른쪽 버튼으로 클릭하여 선택 항목을 제외한 모든 요소를 필터링한다.

2) 그룹화 

그룹화를 통해 일련의 연결 요소를 선택할 수 있다. 그룹을 사용하려면 Shift 키를 누른 상태에서 단일 요소를 선택한다. 솔리드 면은 모서리, 루프 또는 면을 선택하여 그룹화 할 수 있다. 와이어프레임 형상은 단일 요소를 선택하여 그룹화된다. 기본 그룹화 규칙은 ESPRIT 옵션에 정의되어 있다.

3) 스냅 

피처의 끝점, 중심점 및 형상 요소의 중간점, 솔리드 모서리 및 하위 요소를 선택하는 기능을 활성화하거나 비활성화할 수 있다.

4) 교차점 

교차를 사용하면 요소의 교차점을 일시적으로 선택할 수 있습니다. 교차점을 활성화하여 두 요소의 교차점을 점 위치로 선택할 수 있다.

5) 그리드 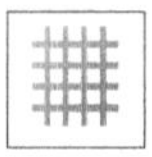

그래픽 영역에서 그리드를 사용하거나 사용하지 않도록 설정한다. 열린 영역에서 선택하면 가장 가까운 격자점에 자동으로 스냅된다. 그리드 점 사이의 간격은 ESPRIT 옵션에 정의되어 있다. 참고로 그리드는 그래픽 영역에 표시되지 않는다.

6) 하이라이트 

요소 선택을 강조 표시하고 확인하는 기능을 활성화하거나 비활성화 할 수 있다. 선택하면 항목이 강조 표시되고, 선택 사항을 확인하라는 메시지가 표시된다. 마우스 왼쪽 버튼을 클릭하면 선택이 확인되고, 마우스 오른쪽 버튼을 클릭하면 선택이 거부되고 가능한 다음 솔루션이 강조 표시된다. 하이라이트를 활성화하면 서로 가까이 있는 요소를 더 쉽게 선택할 수 있다.

7) 기본 속성 

기본 속성은 ESPRIT 옵션에 정의된 기본 속성을 활성화하거나 비활성화 할 수 있다. 속성은 새 요소의 색, 선 너비 및 선 스타일을 제어한다. 기본 속성을 활성화하면 새 요소가 생성될 때 ESPRIT 옵션에 정의된 속성을 사용하고, 비활성화하면 상태 표시줄에 정의된 속성을 사용한다.

8) 선 스타일 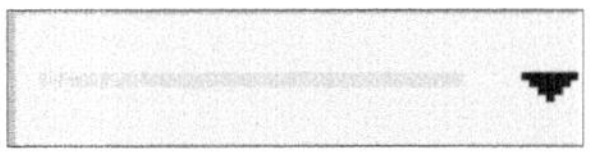

선 스타일은 기본 속성이 비활성화된 경우 새 요소의 색상, 선 스타일 및 선 너비를 설정할 수 있다. 상태 표시줄에서 선 스타일을 클릭하여 새 색상, 선 스타일 및 선 너비를 설정할 수 있다. 새 요소가 만들어지면 이러한 특성이 적용된다.

(5) 속성 창(Alt+Enter)

아래로 향한 삼각형 표시가 있는 셀(칸)은 그 속성을 바꿀 수 있다. 또한 가공 경로에 대한 설정값도 바꿀 수 있다. 해당 셀을 마우스로 두 번 클릭하면 편집할 수 있는 상태가 된다. 화살표가 있는 셀(칸)의 경우에는 그 값을 화면상에서 마우스로 클릭하여 입력한다.

'+' 기호는 하위 메뉴와 속성값이 있다는 표시이며, '-' 표시는 모든 하위 메뉴가 표시되었다는 것을 의미한다.

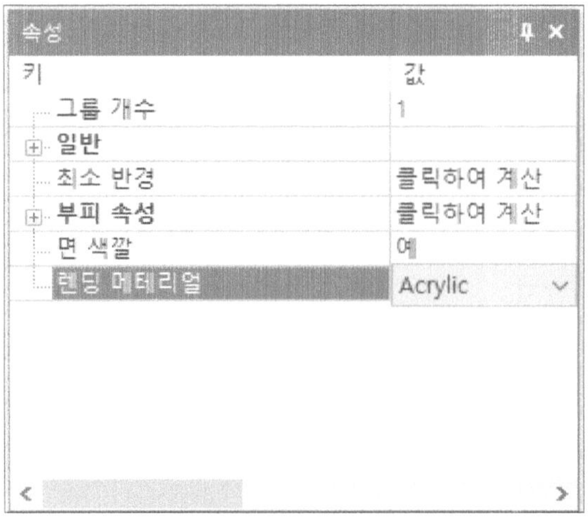

(6) 프로그램 창

불러들인 데이터나 만들어진 데이터 상에 존재하는 피처, 공구, 가공 작업을 하나의 화면 상에서 관리할 수 있게 해준다.

(7) 헤드업 도구모음

1) 작업평면 수정 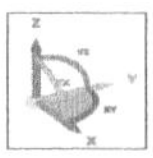

작업 평면의 축 방향을 활성화하여 작업 평면을 대화식으로 회전, 변환 및 정렬한다.

축 방향을 원하는 제어 섹션을 클릭한 다음 마우스, 스냅 점 또는 입력한 값을 사용하여 수정 사항을 정의한다.

2) 회전 

마우스의 움직임에 따라 뷰를 3차원으로 동적으로 회전한다. (키보드 단축키: Ctrl + 마우스 가운데 버튼)

회전 명령을 사용하여 보기를 회전하거나 Ctrl 키와 마우스의 스크롤 휠을 사용할 수 있다. 전체 모델이 뷰에 표시되면 회전(Rotate) 명령은 전체 모델 주위의 경계 상자를 계산하고 회전점은 경계 상자의 중심이 된다.

3) 팬(Pan)

마우스 이동 방향으로 뷰를 스크롤한다. (마우스 단축키: 마우스 가운데 버튼 + 드래그)

이동 명령을 사용하여 보기를 이동하거나 마우스의 스크롤 휠을 사용할 수 있다.

마우스(왼쪽 버튼) - 을 클릭하고, 포인터가 손 으로 바뀌면 마우스를 아무 방향으로나 끌어서 이동한다. Esc 키를 눌러 팬 모드를 종료할 수 있다.

4) 줌 투 핏(Zoom to Fit)

전체 모델을 볼 수 있도록 확대 또는 축소한다. (키보드 단축키: F6)

5) 줌(Zoom)

테두리 상자를 끌어 선택한 영역을 확대한다. (마우스 단축키: 스크롤 휠. 키보드 단축키: Shift + 마우스 가운데 버튼 + 드래그)

6) 음영(Shading)

모델을 와이어프레임으로 표시할지 음영처리로 표시할지를 제어하는 명령이 포함된 플라이아웃을 표시한다.

- 와이어프레임: 모든 솔리드, 서피스 및 형상을 와이어 프레임으로 표시
- 음영처리됨: 솔리드와 표면을 음영처리된 이미지로 표시
- 모서리로 음영처리: 솔리드와 표면을 와이어프레임 모서리가 있는 음영처리된 이미지로 표시. 실루엣이 아닌 실제 모서리만 와이어 프레임으로 표시

음영 보기 	모서리와 음영 보기 
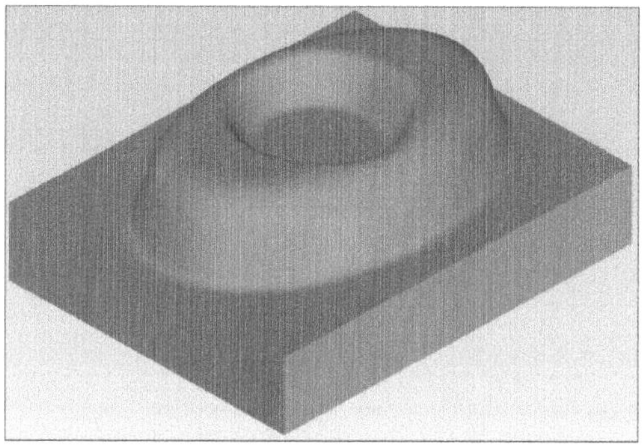	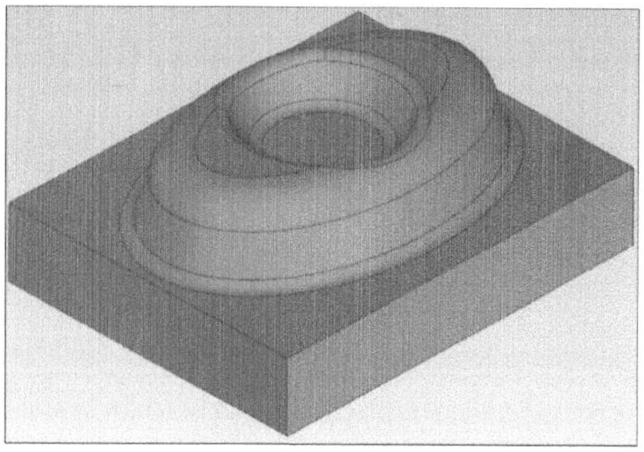
와이어 프레임 보기 	
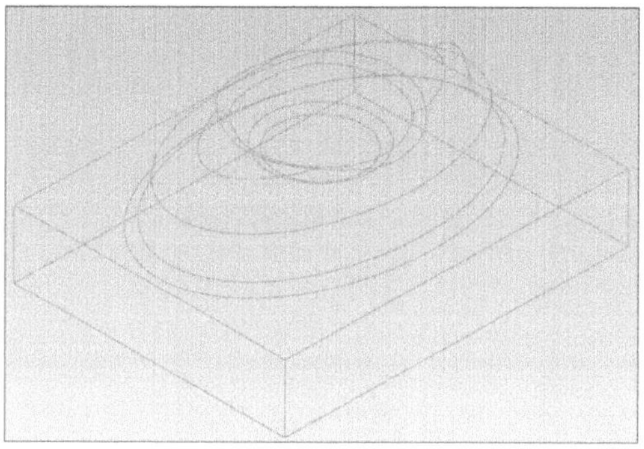	

7) 마스크(Mask) 

요소 뷰에서 요소를 표시하거나 숨길 수 있다. 마스크는 요소 그룹(형상, 본체, 커브, 피처, 공구 경로, 평면) 또는 개별 요소 유형(점, 솔리드, UVW 축 등)에 적용할 수 있으며, 그룹 또는 항목을 선택하여 가시성을 전환한다.

8) 레이어(Layers) 

사전 설정 레이어를 활성화하고 레이어에 배치된 요소를 숨기거나 표시한다. 새 개체는 활성 레이어에 자동으로 추가되며, 사전 설정 레이어를 활성화하거나 사용자 정의 레이어를 추가할 수 있다. CAD 모델을 가져오면 도면층 정보가 유지되고 도면층 대화상자에 추가된다.

9) 레이아웃(Views) 

모델을 사전 설정 뷰로 회전하고 줌 할 수 있다. 표준 뷰(전면, 후면, 아이소메트릭 등)에서 선택하거나 사용자 정의 뷰를 뷰 대화상자에 추가할 수 있다.

이 시스템은 6개의 직교 뷰(위쪽, 앞쪽, 왼쪽, 오른쪽, 뒤, 아래쪽)와 등각투영 뷰를 제공한다. 이러한 뷰는 전역 XYZ 축을 기반으로 하며, 헤드업 도구모음에는 빠른 참조를 위해 현재 보기의 이름이 표시된다.

10) 작업면(Workplanes) 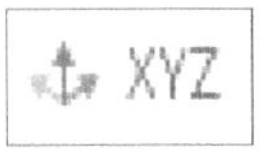

작업평면은 지정된 위치와 방향의 로컬 좌표계이다. 작업평면을 사용하면 전역 XYZ 평면 이외의 평면에 요소를 작성할 수 있다. CAD 모델을 가져오거나 새 요소를 작성하면 활성 작업평면에 배치된다. ESPRIT는 세 가지 사전 정의된 작업평면을 제공한다.

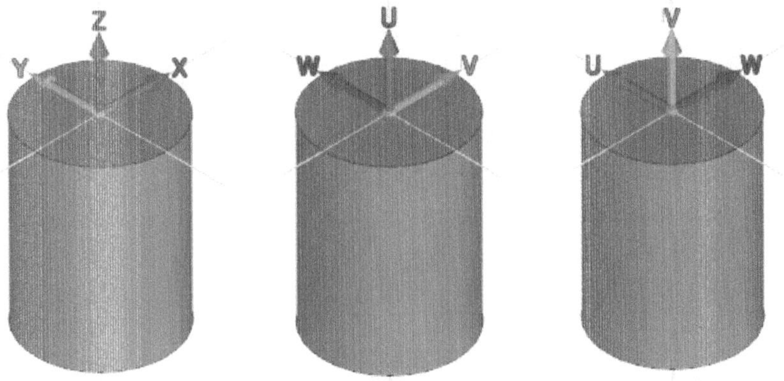

< XYZ > < ZXY > < YZX >

1.2 단축키

(1) 윈도우 표준 단축키

저장	Ctrl + S	인쇄	Ctrl + P
복사	Ctrl + C	도움말	F1
지우기	Delete	상황 도움말	Shift + F1
전부선택	Delete	다시 그리기	F5
속성보기	Alt + Enter	매크로	Alt + F8
새로만들기	Ctrl + N	매크로 탐색기	Alt + F11
열기	Ctrl + O		

(2) ESPRIT 표준 단축키

그룹창 열기	Ctrl + G	프로젝트 매니저	F2
그룹 바꾸기	Ctrl + W	화면에 맞추기	F6
마스크 설정창	Ctrl + M	위에서 보기	F7
XYZ 축	Ctrl + Alt + X	등각도 보기	F8
UVW 축 표시	Ctrl + Alt + U	NC 코드 출력	F9
새창	Ctrl + Alt + W	작업면 설정창	F10
계단식 배치	Ctrl + Alt + C	레이어 설정창	F11
타일식 배치	Ctrl + Alt + T	뷰 설정창	F12
아이콘 정렬	Ctrl + Alt + A		

(3) 사용자 지정 단축키 등록

[파일] - [옵션] - [키보드 단축키] 선택

원하는 명령을 선택하여 사용하고자 하는 단축키를 입력하고 확인을 누른다.

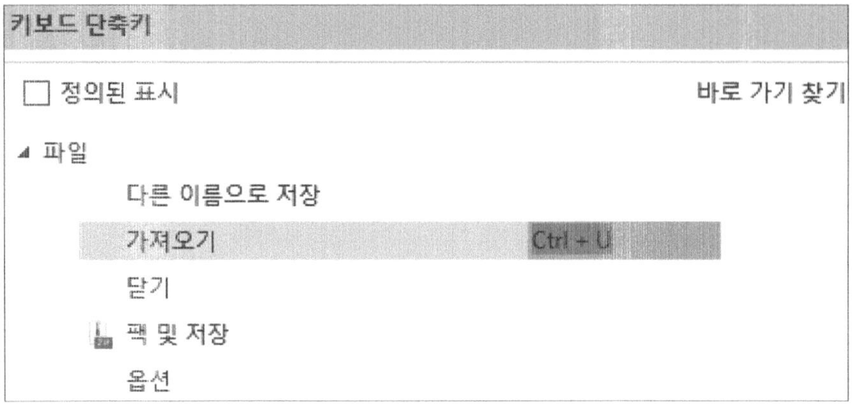
키보드 단축키
정의된 표시
바로 가기 찾기
파일
다른 이름으로 저장
가져오기
Ctrl + U
닫기
팩 및 저장
옵션

Chapter 2. ESPRIT 시작하기

2.1 작업 준비하기

(1) 파트 셋업

1) 부품 설정

① 홈 탭에서 파트 셋업 툴바를 선택하여 설정을 한다. 가공 소재를 정의할 수 있는 명령에 액세스하여 부품 형상을 정의하거나, 스톡을 추가할 수 있다.

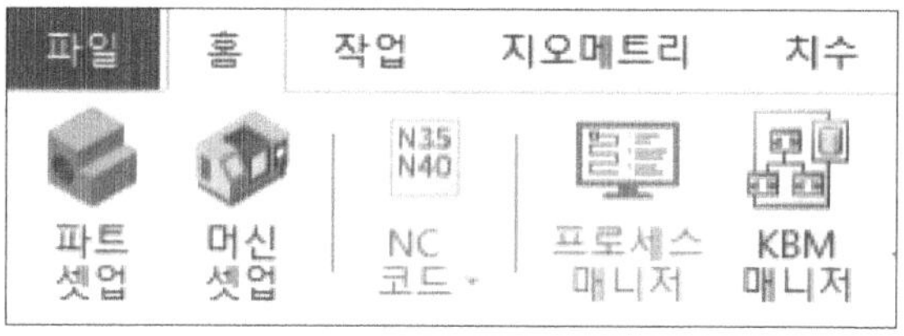

② "파트1"을 더블클릭한 다음 확인을 눌러 부품 파일을 생성한다.

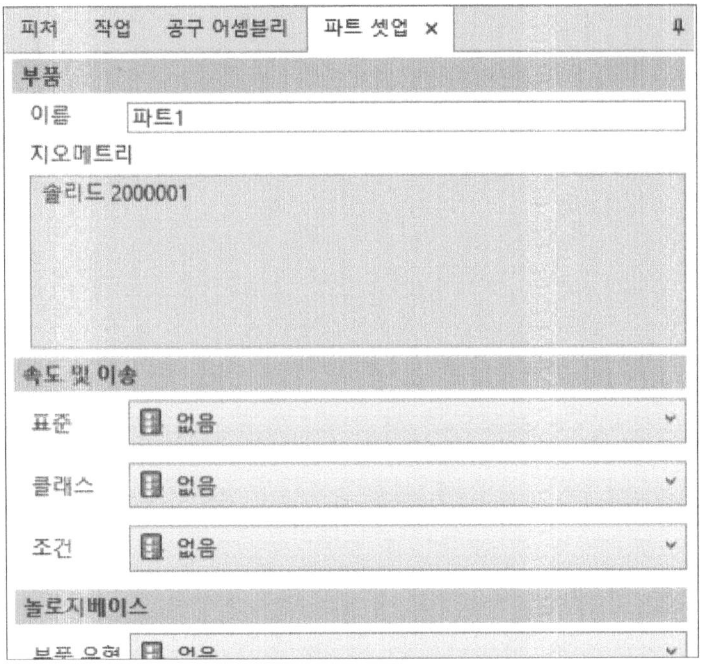

2) 소재 설정

① 제품의 형상에 따라 소재를 추가할 수 있으며, 자동으로 크기를 선택하거나 원하는 소재의 크기를 정의할 수 있다.

블록 소재

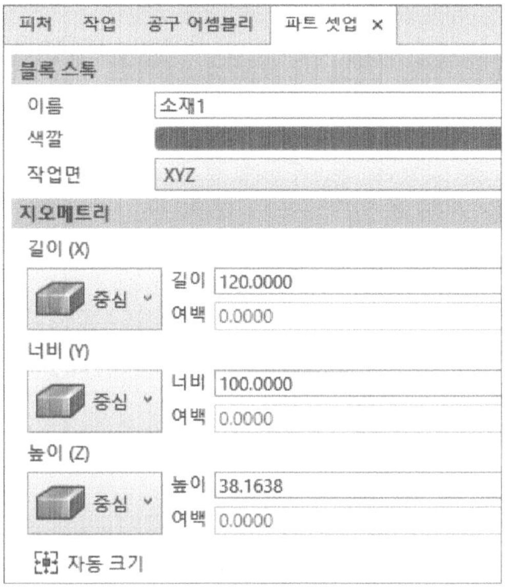

바 소재

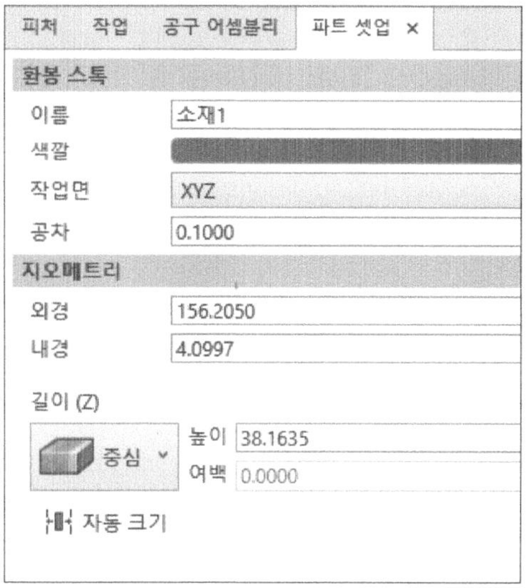

솔리드 소재

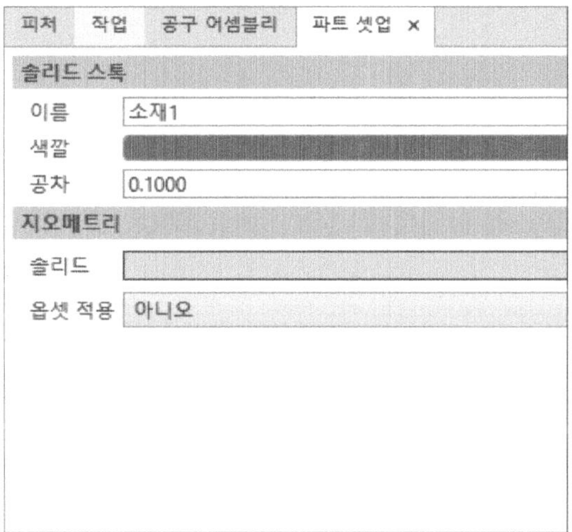

(2) 머신 셋업

1) 머신 설정

① 홈 탭에서 머신 셋업 툴바를 선택하여 머신 설정을 한다. NC 기계의 물리적 특성, 해당 기계에 장착된 고정장치 및 가공 소재, 해당 기계에 대한 NC 코드 출력 방법을 구성하는 기계 정의 파일(*.mprj) 파일을 선택한다.

✓ 기계 정의(*.mprj) 파일의 기본 위치

...\Users\Public\Documents\D.P.Technology\ESPRIT TNG\Data\Machines

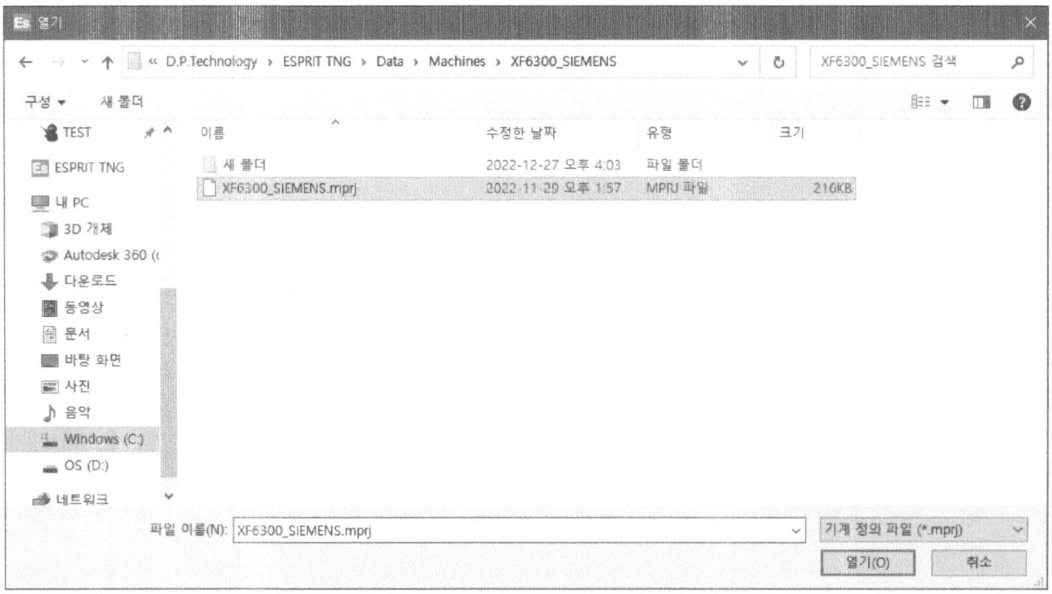

② 기계 정의 파일을 호출하면 다음과 같이 NC 머신의 모델 형상이 추가된다.

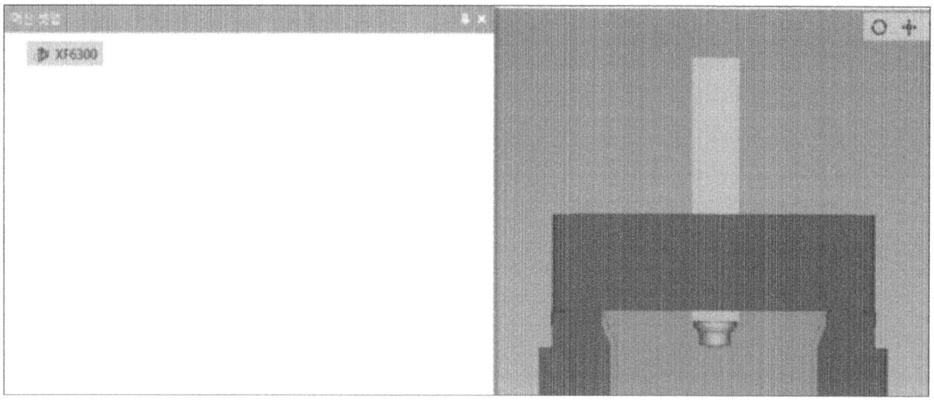

2) 지그 설정

① 상단의 고정구 툴바를 선택하여 밀링 바이스를 추가해주도록 한다.

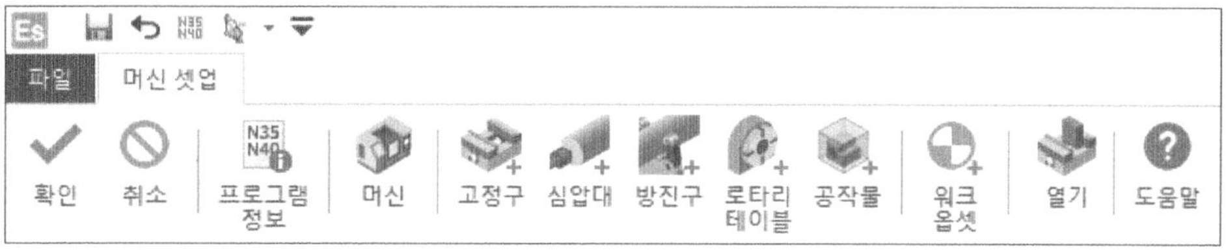

✓ 고정구 정의(*.mprj) 파일의 기본 위치

...\Users\Public\Documents\D.P.Technology\ESPRIT TNG\Data\Fixtures\Samples

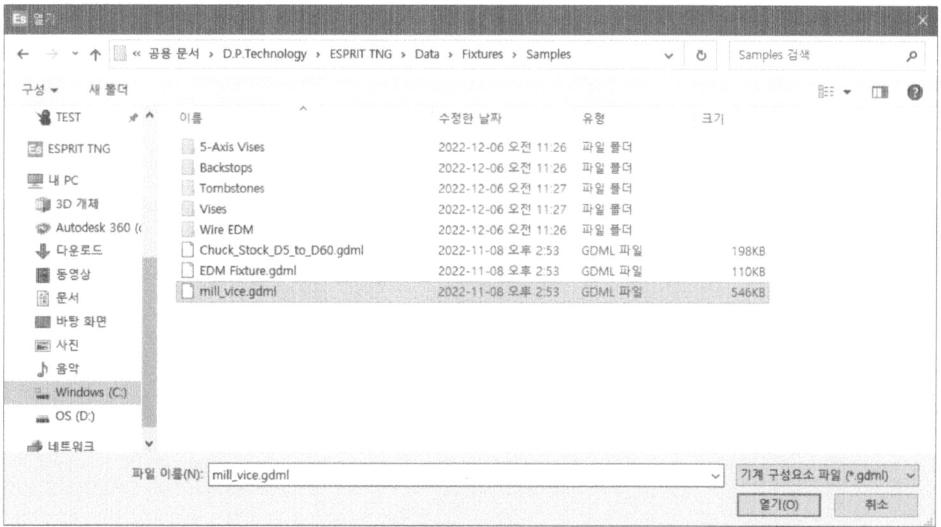

② 고정구 정의 파일을 선택하면 테이블 위에 고정구가 나타나며, 위치 등을 설정할 수 있다.

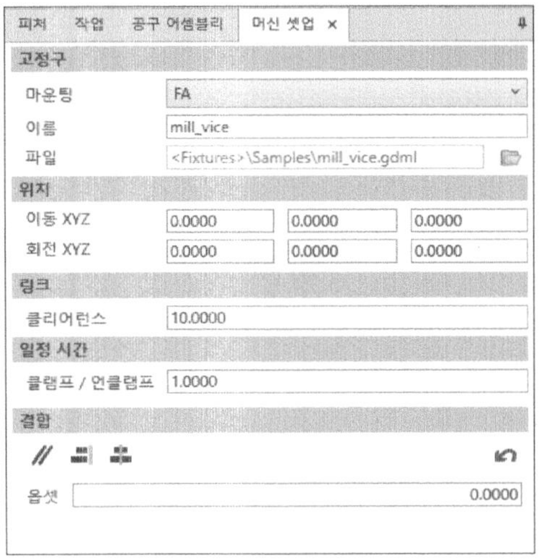

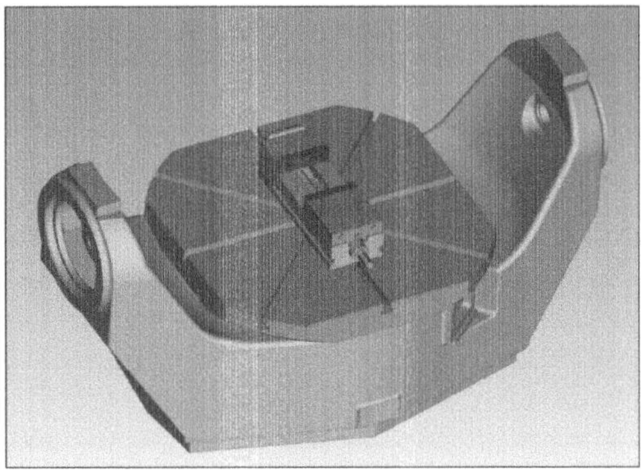

3) 공작물 설정

① 상단의 공작물 툴바를 선택하여 공작물을 추가해주도록 한다.

② 공작물의 위치를 이동시켜 고정구에 클램핑 될 수 있도록 한다.

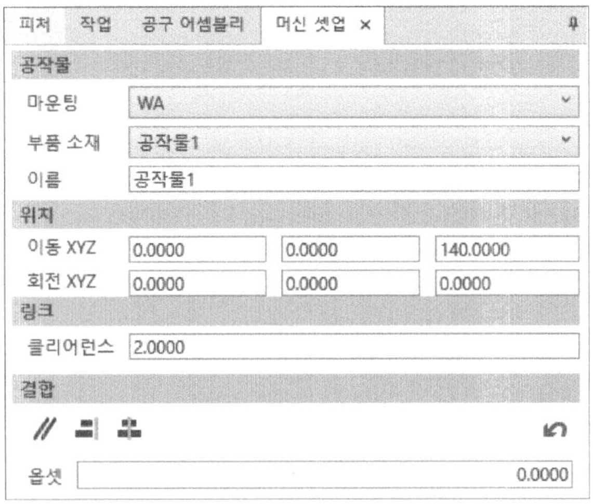

(3) 공구 셋업

1) 홀더 장착하기

① 공구 어셈블리 관리자에서 "스테이션 1"을 선택한 후, 공구 탭에서 홀더 아이템 툴바를 선택하여 머신에 맞는 공구 홀더를 선택한다.

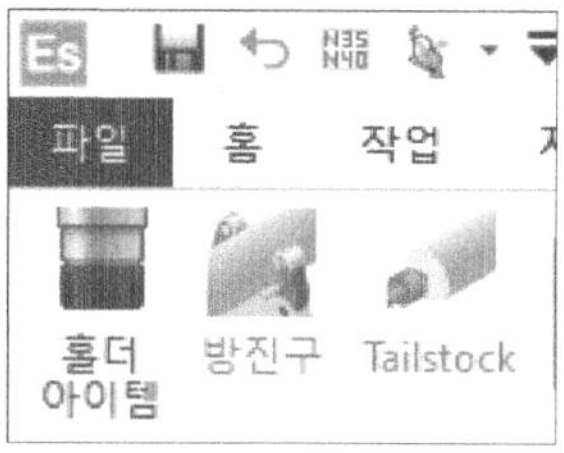

② 샘플 폴더에서 MillToolHolder_CAT-40.gdml 파일을 선택하여 확인을 클릭한다.

✓ 공구 홀더 샘플 파일의 기본 위치

...\Users\Public\Documents\D.P.Technology\ESPRIT TNG\Data\Holders\Samples

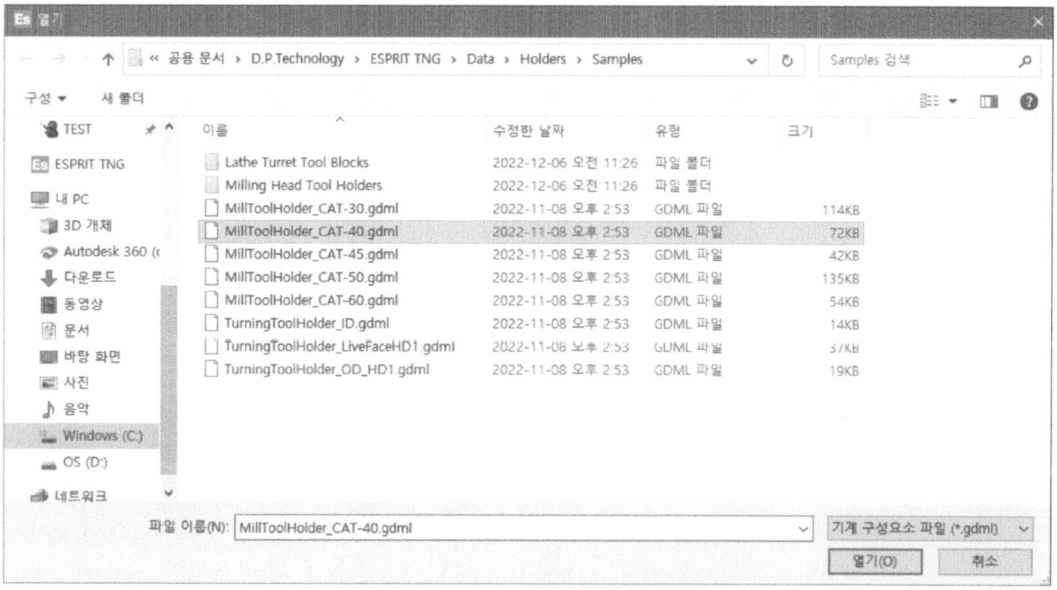

1) 공구 장착하기

① 예시로 Ø20 평엔드밀을 생성해보도록 하자.
생성한 툴 홀더아래 "TA"를 선택하고, 툴바에서 엔드밀을 선택한다.

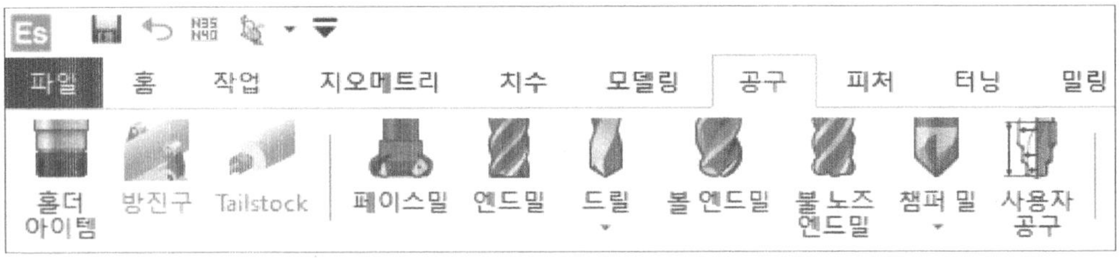

② 엔드밀 툴바를 선택하면 밀링 공구_엔드밀 창이 생성되는데, 먼저 화면 상단의 기본값 명령을 실행하여 이전에 생성된 공구의 설정값을 초기화하도록 한다.

③ 일반 페이지는 밀링 공구의 모든 공구 설정 페이지에 공통으로 적용되는 설정메뉴이다.

일반

- 공구 ID : Esprit 프로그램 내에서 사용할 공구의 이름을 부여한다.
- 공구 번호 : NC 프로그램에서 사용할 공구의 번호를 입력한다. 공구 번호는 일반적인 G-코드에서 "Txx"의 형태로 표시된다. (머신 콘트롤러에 따라 코드의 형태는 다를 수 있다)
- 스핀들 방향 : 스핀들은 회전시키지 않거나, 시계방향(CW), 반시계방향(CCW) 중에서 선택할 수 있다.
- 초기 여유 : 적용될 공구의 복귀높이 (Z=0 에서 측정되는 높이)를 입력한다.

- 단위 : 미터법과 인치 두 단위 중 선택한다.
- 가공 색상 : 설정한 공구가 시뮬레이션에서 사용될 때, 절삭되고 난 후의 가공면 색상을 선택한다. 공구별로 색상을 다르게 설정할 경우, 가공 상황을 보다 쉽게 확인할 수 있다.
- 길이보정번호 : 기계 컨트롤러에서 사용하거나 입력되어있는 공구의 길이보정 번호를 입력한다.
- 절삭유 : 풀 다운(Pull Down) 메뉴에는 다양한 옵션이 있다. 각각의 옵션에 따라 출력되는 코드는 포스트 프로세서에 따라 결정되며, 기계의 성능이나 옵션에 따라 포스트 프로세서를 설정할 수 있다.
- 공구 재질 : 풀다운 매뉴에서 공구의 재질을 선택한다. KBM과 연계되는 자동 CAM 프로그램 작성 기능이 탑재되지 않는 경우 선택할 수 있는 재질이 표시되지 않는다. 자동 CAM 프로그램 가공이 아닌 한 선택할 필요는 없다.
- 공구 회전 : 값을 입력하여 공구 노드에서 X, Y 또는 Z축을 기준으로 공구를 회전한다.

④ 홀더의 각 부분을 입력한다. 입력부분에 커서를 놓으면 오른쪽 그림에 어느 부분인지 화살표로 표시가 된다.

홀더

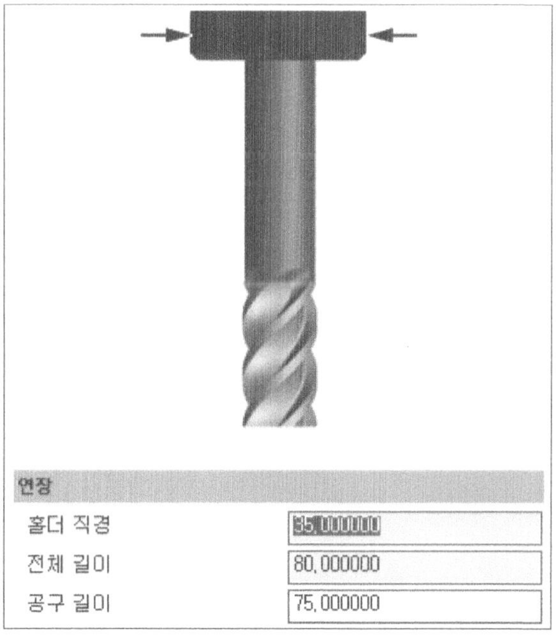

- 홀더 직경 : 홀더의 지름을 입력한다. 홀더의 길이는 공구 길이와 전체 길이의 차이에 의해 결정된다.
- 전체 길이 : 공구가 홀더에 로드될 때 공구 어댑터에서 공구 끝까지의 거리를 입력한다.
- 공구 길이 : 공구가 홀더에 로드될 때 공구 홀더의 하단 평면에서 공구 팁까지의 거리를 입력한다.

⑤ 생크의 각 부분을 입력한다. 입력부분에 커서를 놓으면 오른쪽 그림에 어느 부분인지 화살표로 표시가 된다.

생크

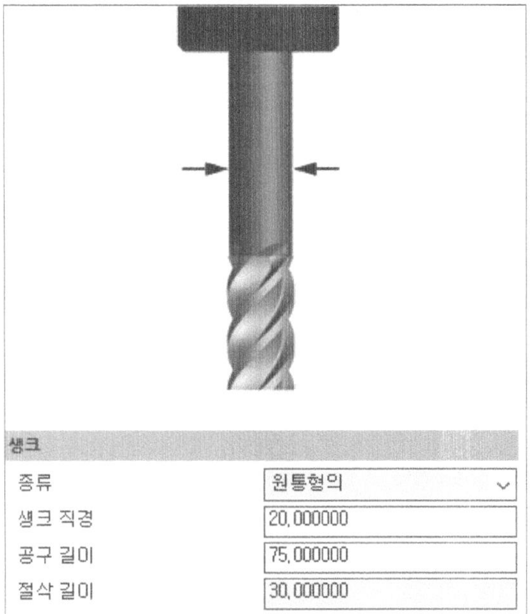

- 종류 : 미리 정의된 형상 목록에서 생크의 형상을 선택한다.
- 생크 직경 : 공구의 절삭날과 결합되는 생크의 지름을 입력한다.
- 공구 길이 : 공구가 홀더에 로드될 때 공구 홀더의 하단 평면에서 공구 팁까지의 거리를 입력한다.
- 절삭 길이 : 공구 절삭날의 길이를 입력한다. 절삭 길이는 공구가 절삭할 수 있는 깊이를 제어한다.

⑥ 커터의 각 부분을 입력한다. 입력부분에 커서를 놓으면 오른쪽 그림에 어느 부분인지 화살표로 표시가 된다.

커터

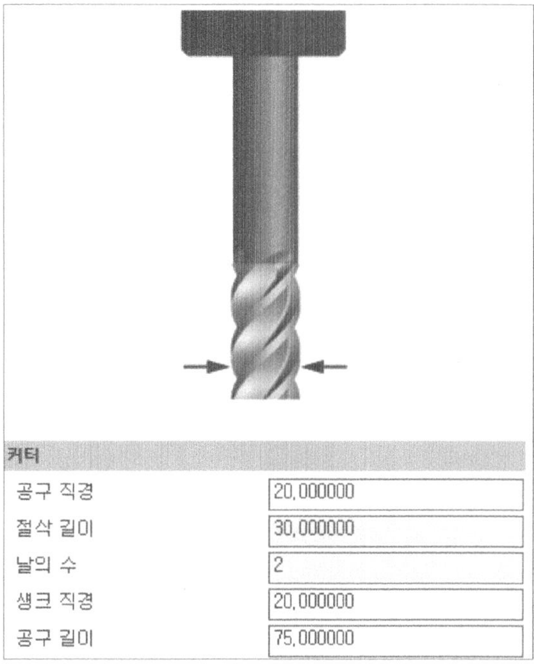

- 공구 직경 : 공구의 절삭 날 직경을 입력한다.
- 절삭 길이 : 공구 절삭날의 길이를 입력한다.
- 날의 수 : 공구의 절삭날의 수를 입력한다.
- 생크 직경 : 공구의 절삭날과 결합되는 생크의 지름을 입력한다.
- 공구 길이 : 공구가 홀더에 로드될 때 공구 홀더의 하단 평면에서 공구 팁까지의 거리를 입력한다.

⑦ Ø20 평엔드밀을 생성하기 위해 아래와 같이 설정값을 입력한다.

공구 ID : EM 20	공구 번호 : 1	홀더 직경 : 40	전체 길이 : 100
공구 길이 : 80	종류 : 원통형의	생크직경 : 10	절삭 길이 : 30
공구 직경 : 10	날의 수 : 2		

⑧ 확인을 클릭하면 다음과 같이 “스테이션 1”에 공구가 추가된 것을 확인할 수 있다.

공구 ×

스테이션		ID	스타일	No.	직경	Rad.	길이 보정.	절단 길이	공구 길이	공구 방향	코멘트
∨ Head - 1 항목											
1		EM 20	엔드밀	1	20 mm		1	30 mm	75 mm		

2.2 피처

(1) 피처(Feature)의 개념

피처(feature)는 CAD/CAM 프로그램에 있어서는 설계 데이터 형상이 가지는 특성을 의미한다. Esprit에서 피처는 가공할 영역 및 대상에 대한 특징을 의미한다. 따라서 3D data로부터 만들어진 피처는 3D 설계 data의 속성을 가지게 된다. 2D 도형으로 이루어진 data로부터 외형에 대한 형상 data, 포인트 data 등의 정보를 추출하게 되며, Esprit의 ‘속성창’을 이용하면 깊이 값을 갖지 않는 2D 형상에 대해서도 가공 깊이 등의 값을 부여하여 가공 작업을 사동화 시킬 수 있다.

Esprit은 이러한 가공 정보를 가지는 피처 data에 가공 프로그램을 만들 수 있기 때문에 가공 프로그램 작성에 소요되는 시간을 최소화 할 수 있다.

(2) 자동 체인(Auto Chain) 

화면상에 선택된 도형 요소에서 자동으로 체인을 만들어 주는 기능이다. 선택된 도형들이 서로 연결되어 있는 경우에는 하나의 체인으로 만들어주며, 중간에 여러 갈래로 갈라지는 경우에는 각각의 방향대로 체인을 여러 개 만들어 준다. 도형이 하나만 선택된 경우에는 선택된 하나의 도형에만 체인을 만든다.

1) 사용 방법

① 'SHIFT' 키를 누른 상태에서 도형을 더블클릭하면 연결되어 있는 모든 도형이 선택된다. 'CTRL' 키를 누르고 선택하고자 하는 도형만 클릭하여 여러 개의 도형을 선택할 수도 있다.

② 자동체인 툴바를 클릭하여 체인을 생성한다.

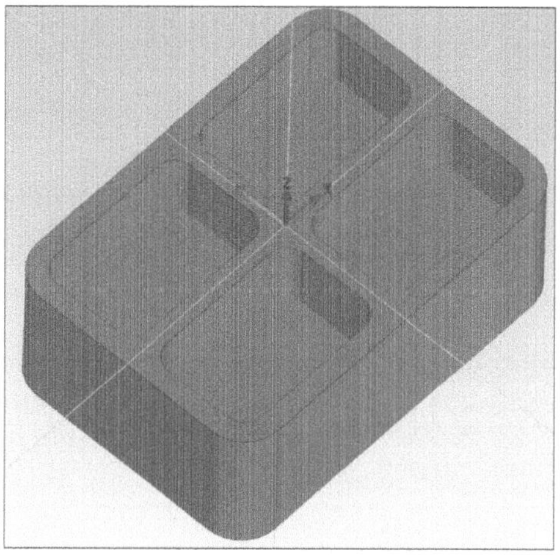

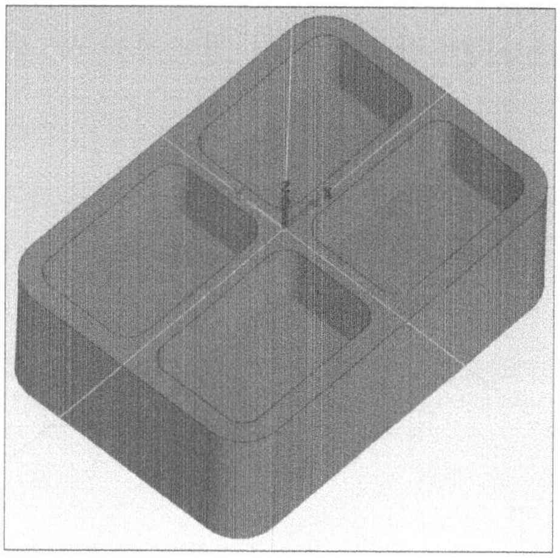

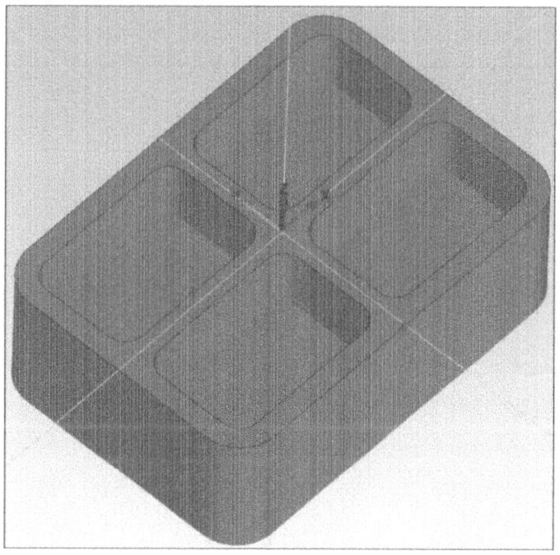

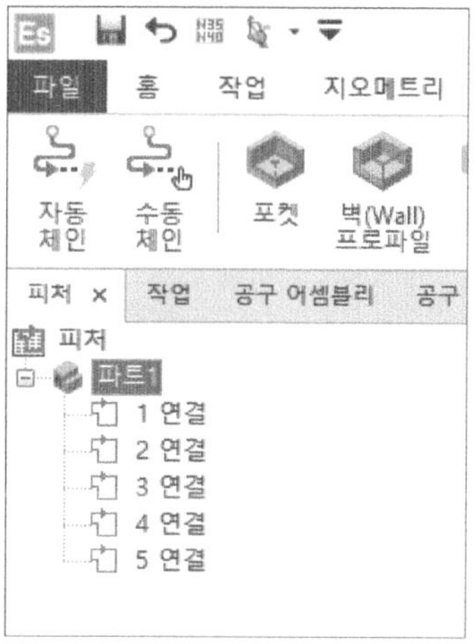

(3) 수동 체인(Manual Chain) 

수동 체인은 도형 데이터의 엣지, 선분, 원호를 선택하여 특정한 형태의 선을 만드는 것이다. 수동 체인은 엣지, 도형 요소 등을 수동으로 직접 하나씩 선택하여 체인을 만드는 것이다.

1) 사용 방법

① 수동연결 아이콘을 클릭 후 체인의 시작 점을 선택한다.

② 체인의 다음 점을 선택한다. 다음 점을 선택하기 전에 특정 도형의 선분을 포함하는 형태로 체인을 만들고자 할 경우에는 "①번"의 작업을 한 후, 따라갈 선분을 선택하고 선분의 끝점을 선택한다.

③ 원하는 형태로 선택이 되었다면, '사이클 정지'를 눌러 체인을 완성한다. 만약 계속해서 선분을 선택하고자 하는 경우에는 "③번"의 작업을 마친 후, 연결되는 선분을 선택하고 끝점을 선택, 다시 선분을 선택, 끝점을 선택한다. 선택을 모두 마친 후에는 '사이클 정지'를 눌러 체인을 완성한다.

(4) 포켓(Pocket) 

3D 도형에 있는 포켓의 경계선 윤곽(루프)을 선택하거나 포켓이 포함되어 있는 면(face)을 선택하여 만든다. 면을 선택하는 경우와 포켓을 신택하는 경우, 만들어진 포켓의 가공 징보가 다를 수 있으며, 포켓 내부에 있는 아일랜드와 서브-포켓에 대한 기준 값이 다를 수 있기 때문에 가공 상황에 맞추어 도형 요소를 선택하면 된다.

1) 사용 방법

① 포켓이 포함되어 있는 면을 선택한 후, 포켓 툴바를 클릭하여 포켓을 생성한다.

② 화면에서 "ctrl +a"를 누르거나, 형상을 전체 드래그하여 선택한 후 포켓 툴바를 클릭하면 아일랜드와 서브 포켓 등으로 구성된 복합 포켓이 생성되는데 그림과 같이 하나의 폴더로 묶여서 표시된다. 포켓의 외곽 경계는 '경계'로 표기되며, 화면상에는 녹색으로 표시된다. 아일랜드는 적색으로 표시된다. 피처 매니저에서 해당 피처를 선택하면 작업화면 상에서도 해당 피처가 강조되어 표시된다.

(5) 벽(Wall) 프로파일 

수직 솔리드면의 상한과 하한에 체인 피처를 작성합니다. 명령을 클릭하기 전에 하나 이상의 연결된 면을 그룹화하거나 명령을 클릭한 후 단일 면을 선택할 수 있다.

1) 사용 방법

① Shift 키를 누른 상태에서 단일 모서리를 선택(마우스 더블클릭)한다. 모서리를 공유하는 모든 면이 그룹화된다.

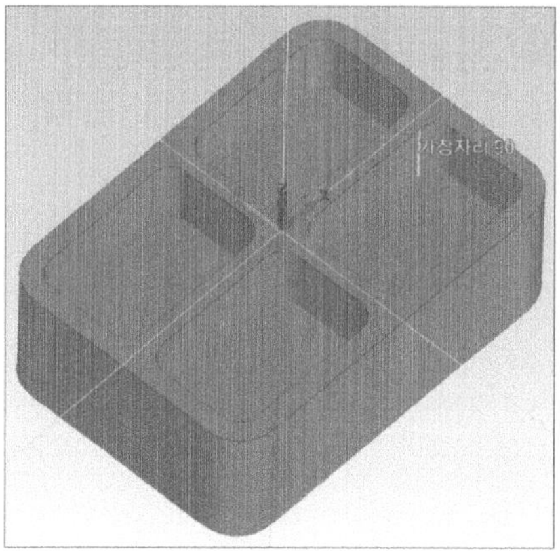

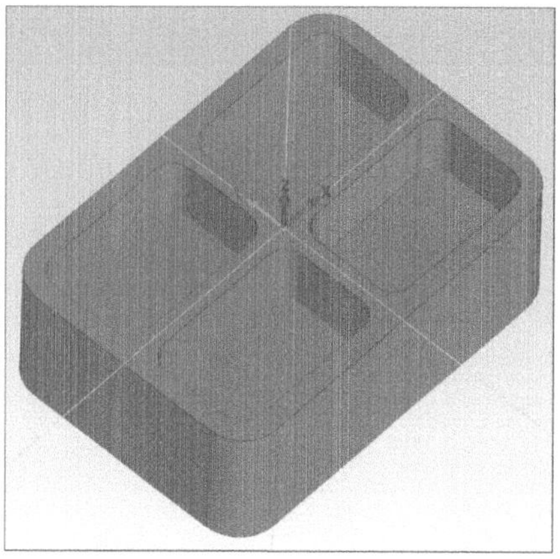

② 벽(Wall) 프로파일 툴바를 클릭하여 프로파일을 생성한다.

(6) 홀(Hole) 

드릴 가공이나 밀링 가공을 통해 만들어지는 각종 구멍의 외곽선, 중심점(point)으로 구성된 피처를 의미한다. 드릴, 탭, 보링 등의 작업을 할 구멍을 선택시 사용되며, 선택한 원을 연결하여 PTOP 피처를 만든다. 또한 구멍에 카운터 보어, 챔퍼 등의 처리가 되어 있는 형상인 경우, 각각의 요소에 대한 프로파일 피처를 만들 수도 있다. 3D 도형 상에 있는 모든 원을 선택하여 각각의 특성에 맞게 PTOP로 묶이게 할 수도 있고, 하나씩 수동으로 선택할 수도 있다.

1) 사용 방법

① 화면에서 'ctrl +a'을 누르거나, 형상을 전체 드래그하여 선택한 후 홀 툴바를 클릭한다.

② 구멍 파라메터에서 매개변수를 설정한다.

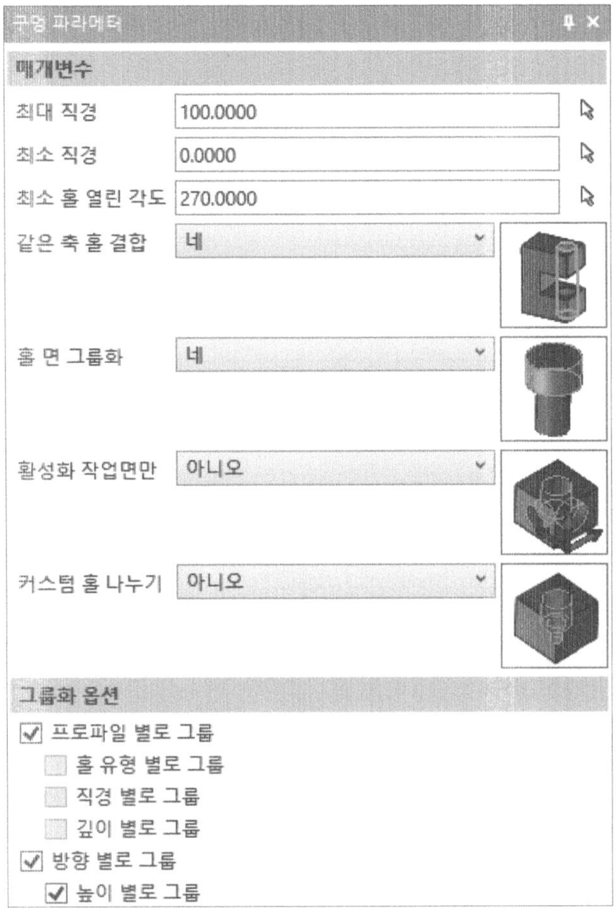

- 최대 직경 : 구멍 피처로 만드는 원의 최대 직경 값을 설정한다. 직접값을 입력하거나, '화살표'를 눌러 화면상의 도형 요소로부터 그 값을 입력할 수도 있다. (화살표 클릭 -> 화면에서 도형(원, 3D 도형상의 루프, 프로파일 등을 선택) 최대값보다 직경 값이 큰 원이나 도형에는 구멍 피처가 만들어지지 않는다.
- 최소 직경 : 구멍 피처로 만드는 원의 최소 직경 값을 설정한다. 사용 방법은 위와 동일하다. 여기서 입력한 값보다 직경 값이 작은 원이나 도형에 대해서는 피처가 만들어지지 않는다.
- 최소 홀 열린 각도 : 이 값은 구멍의 회전 각도를 기준으로 부분 구멍이 인식되는지 여부를 결정한다.

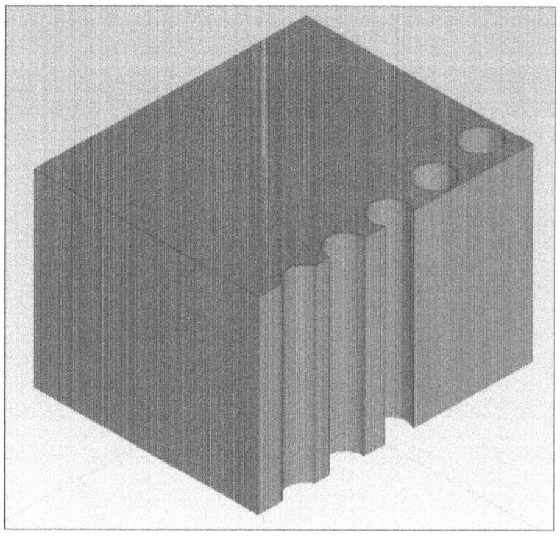

- 같은 축 홀 결합 : 이 매개변수는 축을 공유하는 인터럽트된 구멍을 하나의 구멍으로 인식(예)할지 또는 별도의 구멍으로 인식(아니오)할지를 결정한다.
- 홀 면 그룹화 : 선택한 면 근처의 솔리드 면이 전파되는지 여부를 결정한다. 동일한 홀 가공이 있다면 '예'를 선택한다.
- 활성화 작업면만 : 이 매개변수는 활성 작업 평면의 Z 방향을 기준으로 구멍이 인식되는지 여부를 결정한다. '아니오'를 선택하면 모든 작업 평면에 있는 구멍을 모두 인식한다.
- 커스텀 홀 나누기 : 이 매개변수가 '예'로 설정되면 사용자 구멍의 각 세그먼트를 별도의 피처로 작성합니다. 이 매개변수가 '아니오'로 설정되면 모든 세그먼트를 포함하는 하나의 피처를 생성한다.

③ 그룹화 옵션을 설정한다.

(7) 프리폼(FreeForm Feature) 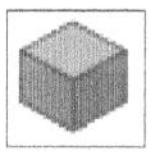

솔리드 모델, 솔리드 면 또는 표면에서 서피스 밀링을 위한 피처를 작성한다. 명령을 클릭하기 전이나 후에 입력을 선택할 수 있다.

프리폼 기능을 사용하면 머시닝할 파트 서피스(녹색으로 표시)와 피해야 할 체크 서피스(빨간색으로 표시)를 단일 객체로 선택하고 저장

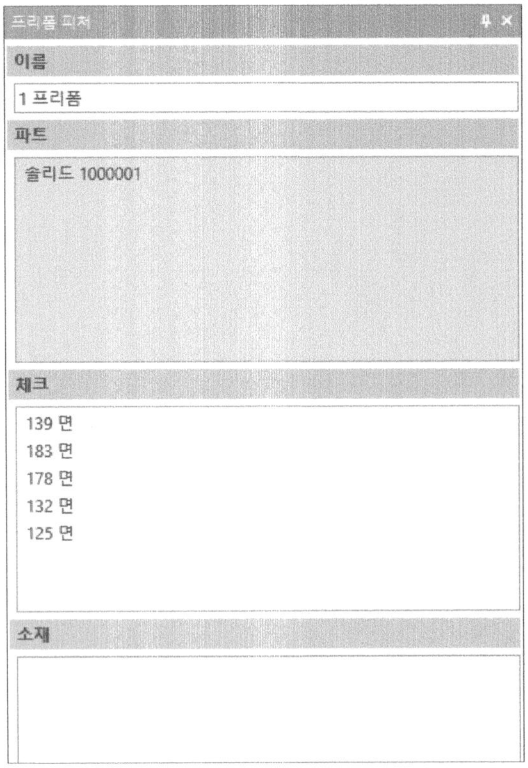

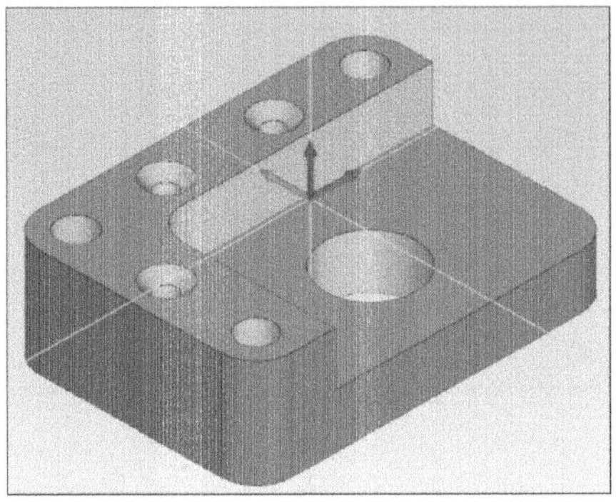

1) 체크 요소를 지원하는 사이클

Mold cycles		Mold 5-Axis cycles	
Parallel Planes Finishing	O	Composite	O
Z-Level Finishing	O	Swarf	**
Radial Finishing	O	Contouring	O
Spiral Finishing	O	Channel Milling	O
Floor Finishing	O	Impeller	O
Pencil Tracing	O	Spiral Finishing	O
Corner Remachining	O	Spiral Roughing	O
3D Contouring	O	Port Milling	O
Concentric Finishing	O	Port Roughing	O
Global Finishing	O	Circle Segment Finishing	O
Parametric Finishing	O		

** Swarf cycle은 프로파일 동기화가 "최적 맞춤을 위해 도구 축 조정" 또는 "면 모서리를 싱크 선으로 적용"으로 설정된 경우에만 체크 요소를 지원

2) 소재 요소를 지원하는 사이클

Mold cycles		Mold 5-Axis cycles	
Z-Level Roughing	O	Composite	O
		Impeller	O
		Spiral Roughing	O
		Port Roughing	O

PART II

튜토리얼

Chapter 3. 튜토리얼 학습하기

PART II

Chapter 3. 튜토리얼 학습하기

3.1 사용자 환경

(1) 밀링 예제 따라하기

1) 부품 가져오기

① ESPRIT을 시작한다.

② 기본 메트릭 템플릿을 두 번 클릭한다.

③ 파일 → 가져오기를 클릭한다.

④ 새 부품으로 가져오기가 선택 취소되어 있는지 확인한다.

⑤ 아래의 경로에서 예제 파일을 불러온다.

파일명 : SumpPan.x_t

폴더 경로 :

C:\Users\Public\Documents\D.P.Technology\ESPRIT TNG\Data\Esprit Files\GetStarted\06-Milling

⑥ 포켓의 세부 정보를 볼 수 있도록 모델을 회전한다. (Control+마우스 휠)

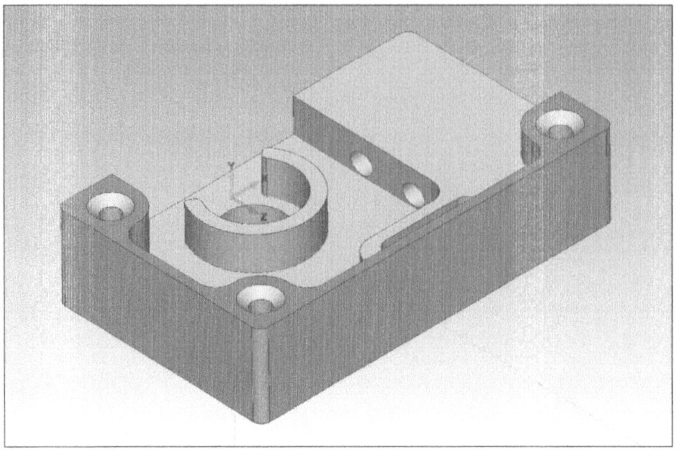

✓ 모델의 현재 방향으로는 가공할 수 없으므로 공구가 Z축을 따라 포켓에 접근할 수 있도록 모델을 방향을 변경한다.

⑦ 모델의 윗면을 선택한다.

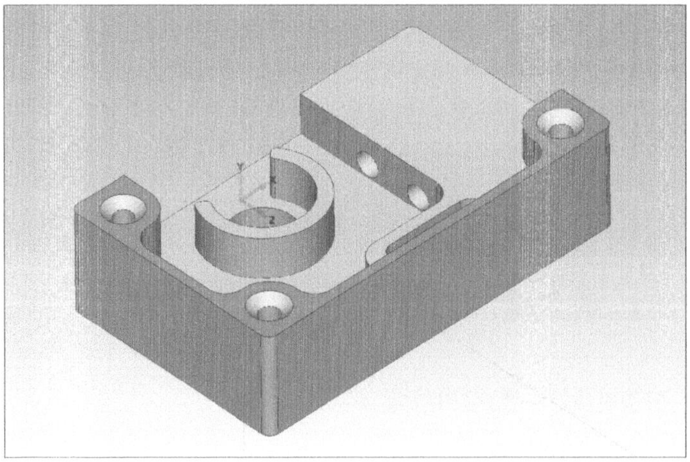

⑧ 작업 메뉴에서 "정렬 Z"를 클릭하여 선택한 면의 방향을 Z축에 수직으로 지정한다.

⑨ 헤드업 도구모음에서 뷰를 등각 보기로 설정한다.

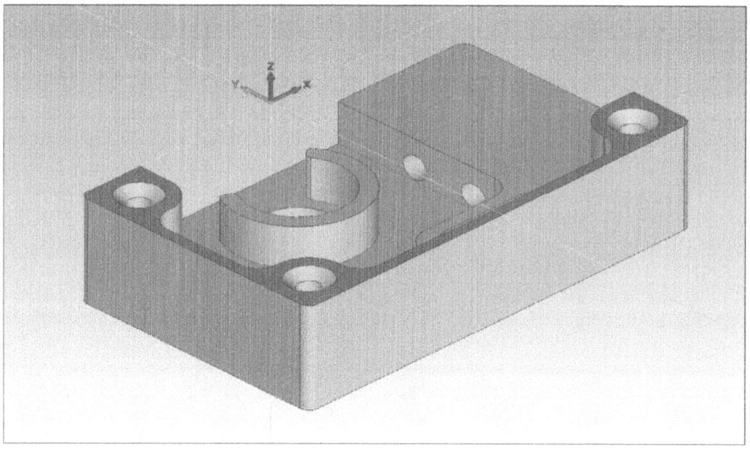

⑩ 솔리드 모델을 선택하고 속성 창을 연다.

⑪ 면 색상 = 아니요
렌딩 메테리얼 = Acrylic

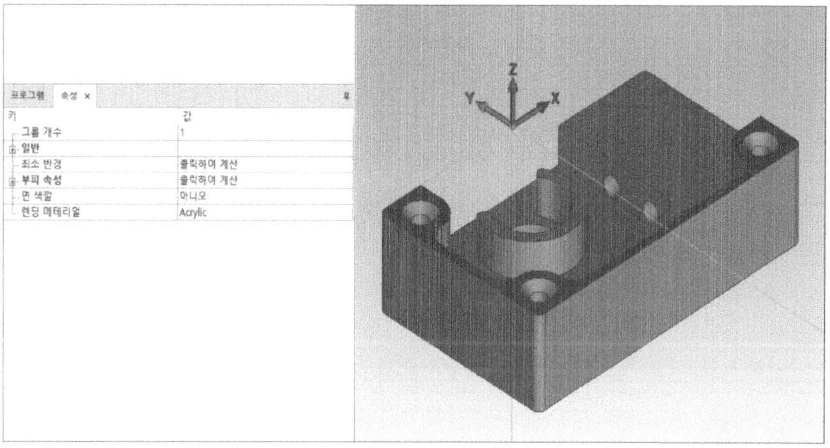

2) 스톡 생성하기

밀링 작업을 위한 스톡은 부품 설정에 정의되어 있다. 스톡은 블록, 원통, 압출 또는 회전 프로파일, ESPRIT 문서의 솔리드 또는 외부 파일로 정의 할 수 있다. 솔리드 모델의 외부 치수에 맞게 자동으로 크기가 조정되는 직사각형 블록으로 스톡을 작성한다.

① 피처 관리자에서 "파트1"이라는 개체를 확인한다.

② "파트1"을 마우스 오른쪽 버튼으로 클릭하고 편집파트를 선택한다.

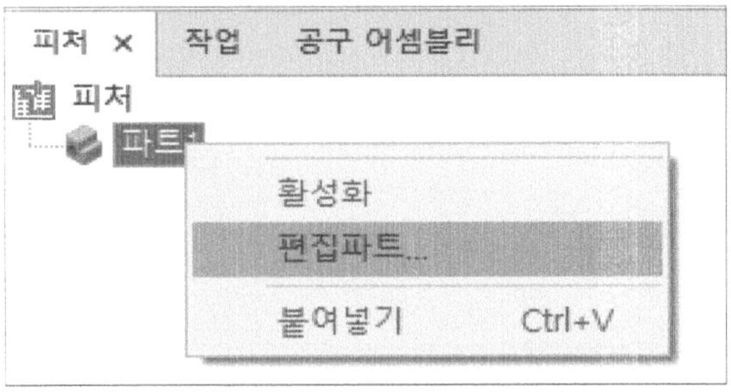

③ "파트1"을 두 번 클릭하고 솔리드 모델을 선택하여 부품 정의에 추가한다.

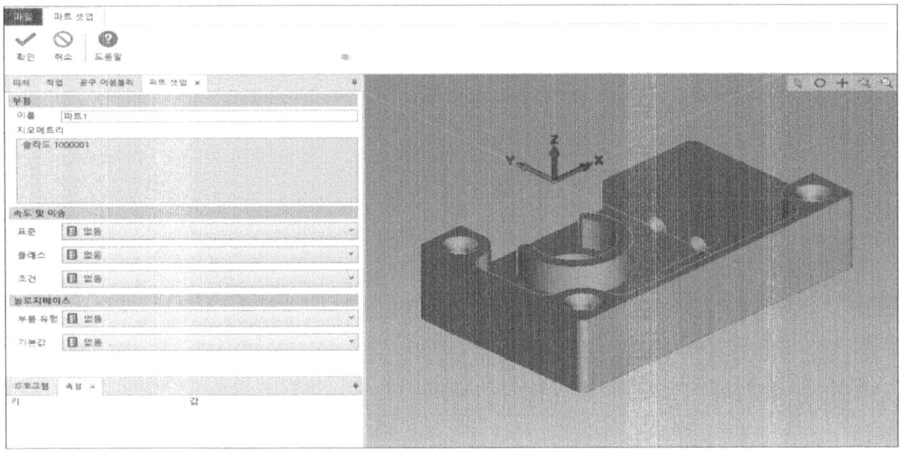

④ 확인을 클릭하여 부품을 업데이트한다.

⑤ 블록을 클릭하여 스톡 모델을 자동 크기 블록으로 생성한다.

⑥ 높이(Z)를 아래 정렬로 설정하고 높이를 37로 변경하여 모델 상단에 2mm의 스톡을 추가한다.

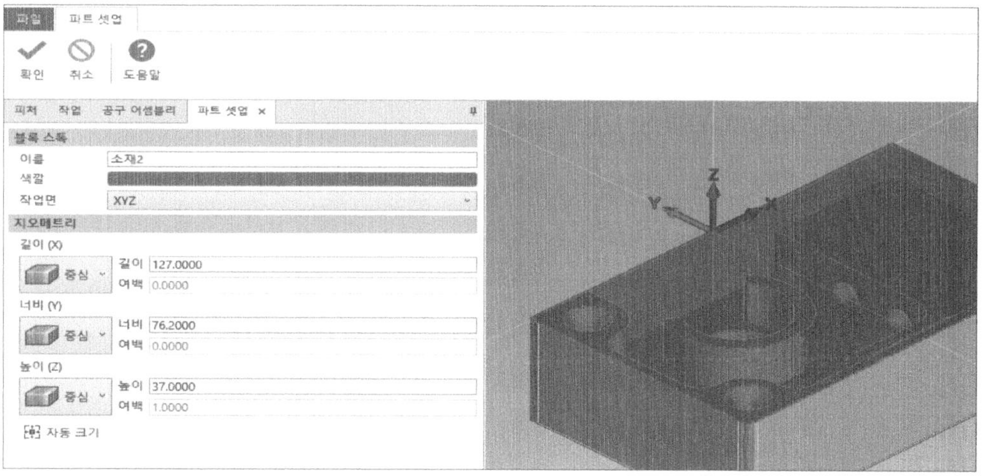

⑦ 확인을 클릭하여 스톡을 추가한 다음 확인을 다시 클릭하여 부품 설정을 닫는다.

3) 홀 피처 생성하기

홀 피처 인식은 솔리드 모델의 모든 원통형 개구부(구멍)를 인식한다. 홀 피처는 드릴링 작업에 사용된다.

① 피처 탭에서 홀을 클릭한다.

② 최대 직경 옆의 화살표를 클릭한 다음 가운데 구멍의 모서리를 선택한다.

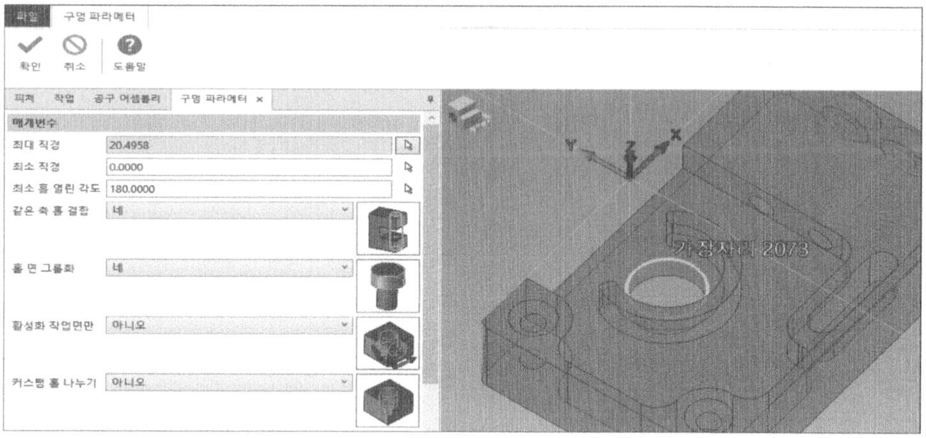

③ 최소 직경을 "0"으로 설정한다.

④ 최소 홀 열린 각도 옆에 있는 화살표를 클릭한 다음 슬롯에서 호를 선택한다.

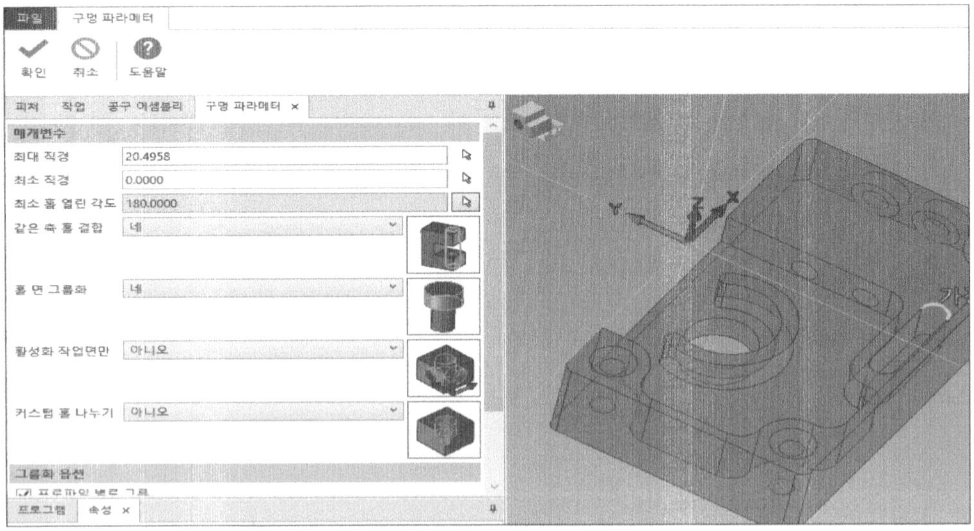

⑤ 홀 면 그룹화와 활성화 작업면만을 "네"로 설정한다.

⑥ 솔리드 모델을 선택하고 확인을 클릭한다.

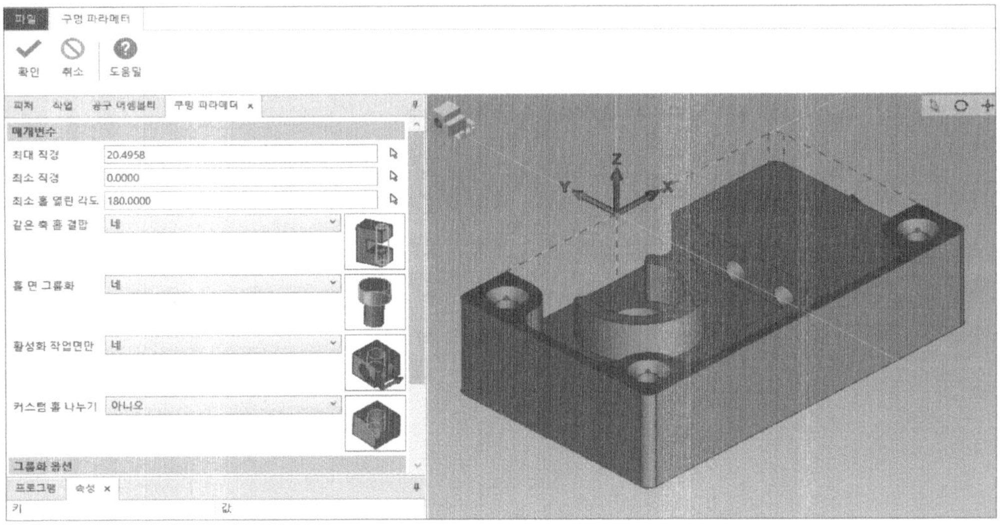

⑦ 세 개의 구멍 피처가 자동으로 생성되고 구멍 유형, 지름, 및 깊이에 따라 이름이 지정된다. 중앙의 큰 구멍이 인식되어 밀링가공 전에 미리 드릴링 할 수 있다.

4) 포켓 피처 생성하기

솔리드 모델이 있는 경우 포켓 인식을 사용하여 포켓과 그 안에 포함된 하위 포켓 또는 아일랜드를 자동으로 인식할 수 있다.

① 피처 탭에서 포켓을 클릭한다.

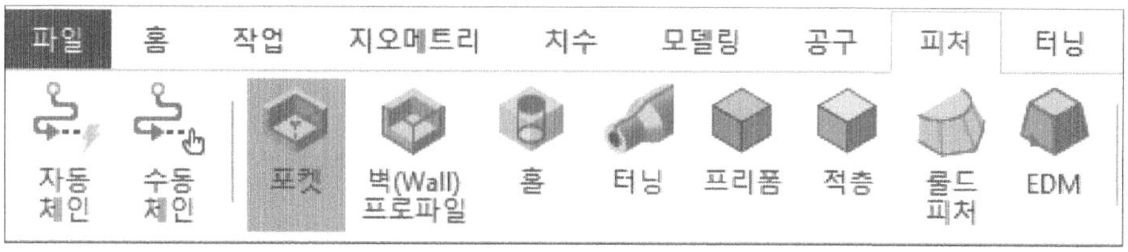

② 솔리드 모델을 선택한다. 포켓 피처 인식 알람이 표시된다.

③ 포켓 피처 인식 알람이 표시된다. 이 알람은 무시한다.

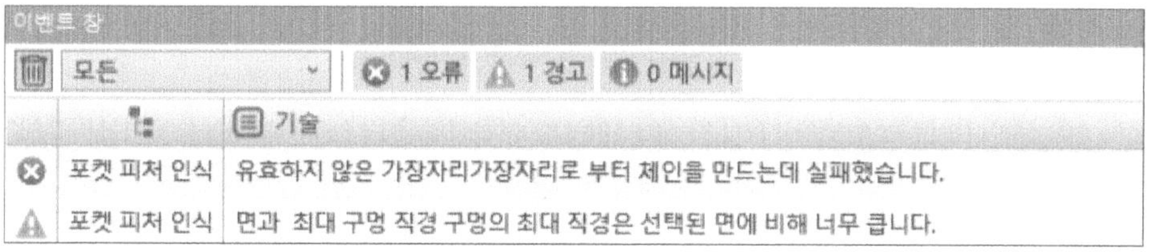

④ 포켓 피처가 작성되고 활성 부품과 연결된다.

5) 밀링 머신 설정

① 홈 탭에서 머신 셋업을 클릭한다.

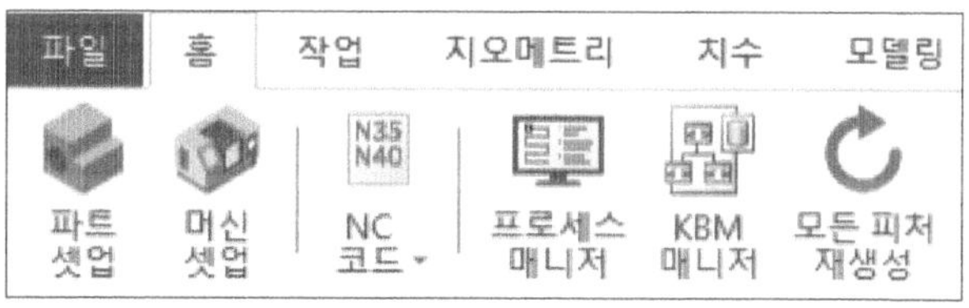

② 아래의 경로에서 머신 파일을 불러온다.
파일명 : Mini_3x_Mill.mprj
폴더 경로 :
C:\Users\Public\Documents\D.P.Technology\ESPRIT TNG\Data\Machines
\Samples\Mill\Mill 3-axis

③ 헤드업 도구에서 마스크 기능을 사용하여 뷰를 설정할 수 있다.

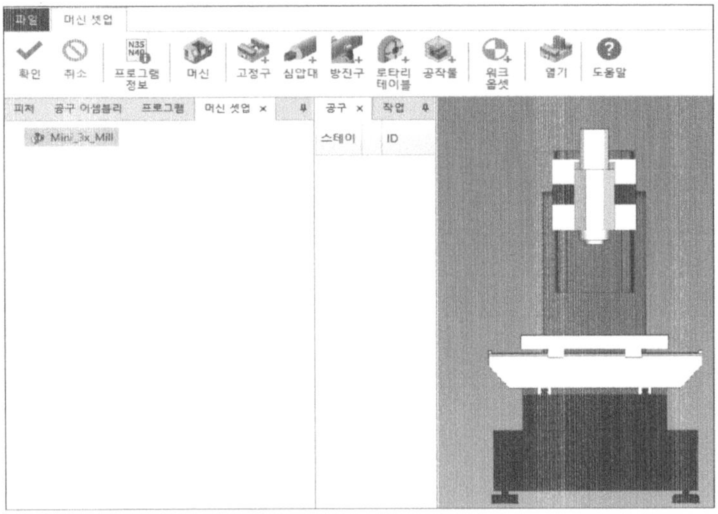

④ 고정물 툴바를 클릭한다.

⑤ 아래의 경로에서 머신 파일을 불러온다.
파일명 : mill_vice.gdml
폴더 경로 :

C:\Users\Public\Documents\D.P.Technology\ESPRIT TNG\Data\Fixtures\Samples

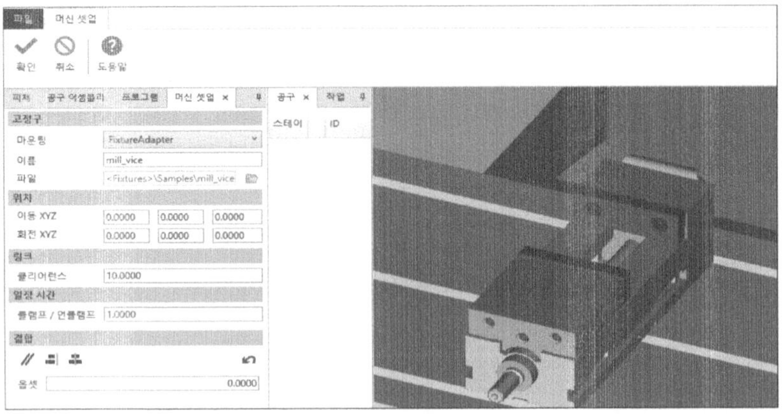

⑥ 확인을 클릭한다.

⑦ 공작물 툴바 클릭한다.

✓ 부품 설정에 정의된 가공 소재는 이 고정장치에 대해 정의된 가공 소재 어댑터에 자동으로 장착된다. (UVW축으로 표시)

⑧ Z축을 "30"으로 변경하고 확인을 클릭한다. (시뮬레이션 간섭 방지)

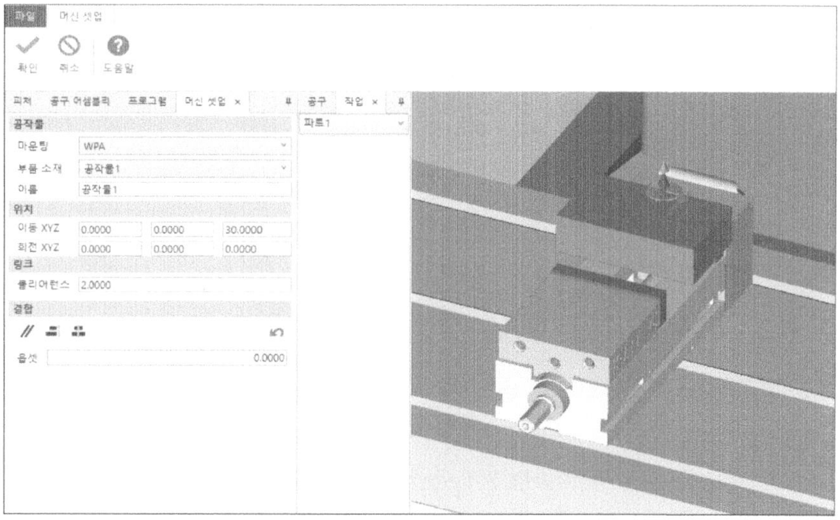

⑨ 확인을 클릭하여 시스템 설정을 종료한다.

5) 공구 생성 프로세스

튜토리얼 학습에서는 페이스 밀, 앤드밀 및 드릴이 필요하다.

① 공구 어셈블리 관리자에서 공구 바운트 위치를

② 적응 항목을 클릭하고 도구 조립품을 시작할 적응 항목을 선택한다.

③ 요한 경우 어셈블리에 적응 항목(확장 등)을 추가한다.

④ 도구 탭에서 만들려는 도구 유형을 선택한다.

⑤ 공구 인서트와 생크의 치수를 정의한다.

6) 25mm 엔드밀 생성하기

① 공구 어셈블리 관리자 → 표시/숨기기 → 도구 탭에서 적응형 항목을 클릭한다.

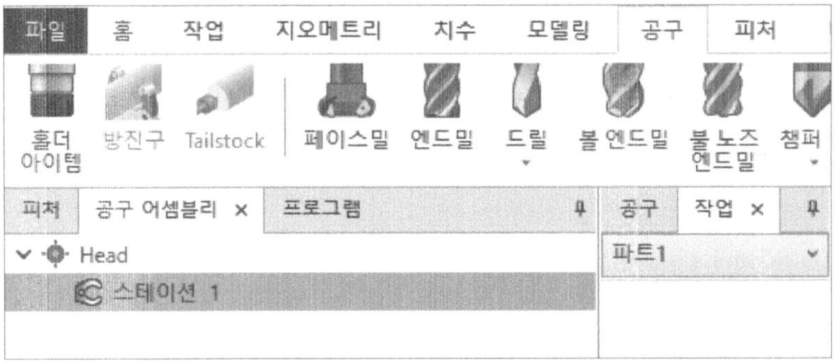

② 도구 탭에서 홀더 아이템을 클릭한다. 설치된 폴더에 대한 선택 창 열린다.

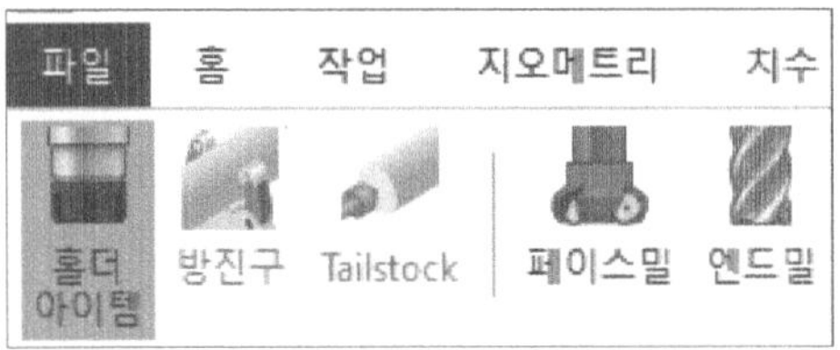

③ 아래의 경로에서 홀더 파일을 불러온다.
파일명 : MillToolHolder_CAT-40.gdml
폴더 경로 :
C:\Users\Public\Documents\D.P.Technology\ESPRIT TNG\Data\Holders\Samples

④ 확인을 클릭하고 공구 탭에서 엔드밀(End Mill)을 클릭한다.

⑤ "기본값으로"를 클릭한다.

⑥ 아래와 같이 공구를 설정한다.

- 일반 탭에서 : 도구 ID = EM 25
  : 가공 색상 = 파란색
- 섕크 탭에서 : 섕크 직경 = 25
- 커터 탭에서 : 공구 직경 = 25

⑦ 확인을 클릭한다.

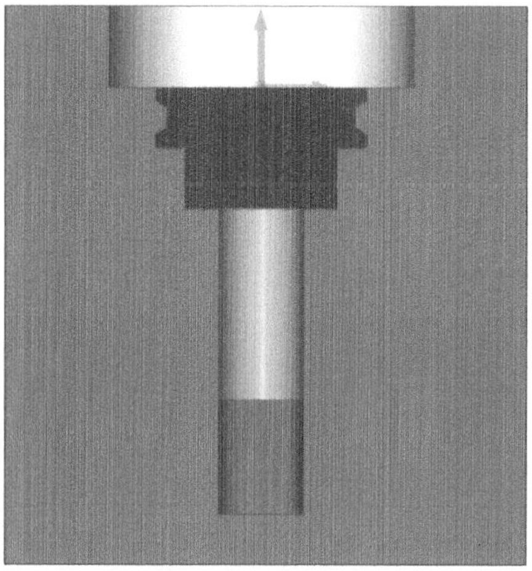

7) 10mm 엔드밀 생성하기

① 공구 어셈블리 관리자에서 헤드 터렛의 스테이션1을 다시 선택한다.

② 이전과 같이 홀더 아이템을 선택하고 샘플 폴더에서 "MillToolHolder_CAD-40.gdml" 파일을 불러온다.

③ 공구 어셈블리 관리자에서 방금 배치한 공구 홀더를 선택하고 공구 탭에서 엔드밀(End Mill)을 클릭한다.

④ 아래와 같이 공구를 설정한다.

- 일반 탭에서 : 도구 ID = EM 10
  : 가공 색상 = 주황색
- 섕크 탭에서: 섕크 직경 = 10
- 커터 탭에서: 공구 직경 = 10

⑤ 확인을 클릭한다.

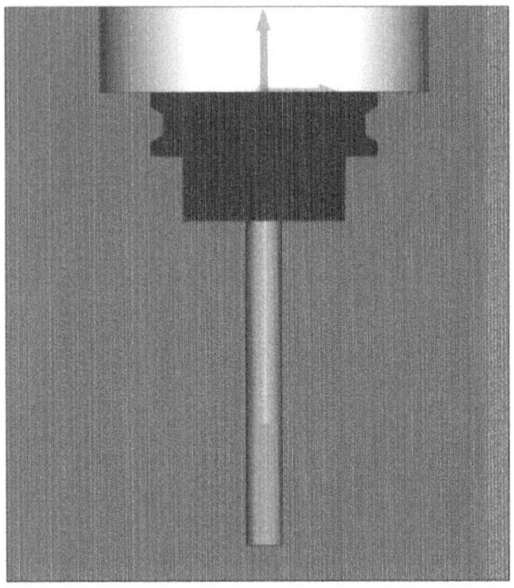

8) 80mm 엔드밀 생성하기

① 이전과 마찬가지로 Samples/MillToolHolder_CAD-40.gdml 파일을 사용하여 헤드 포탑의 스테이션 1에서 새 적응형 아이템을 추가한다.

② 페이스 밀을 클릭한다.

③ 모두 기본값을 클릭한다.

④ 아래와 같이 공구를 설정한다.

- 일반 탭에서 : 공구 ID = 80mm 페이스 밀
  : 가공 색상 = 파란색
- 생크 탭에서 : 공구 직경 = 80
- 커터 탭에서 : Face Mill 도구를 사용하면 인서트를 정의할 수 있다.

⑤ 확인을 클릭한다.

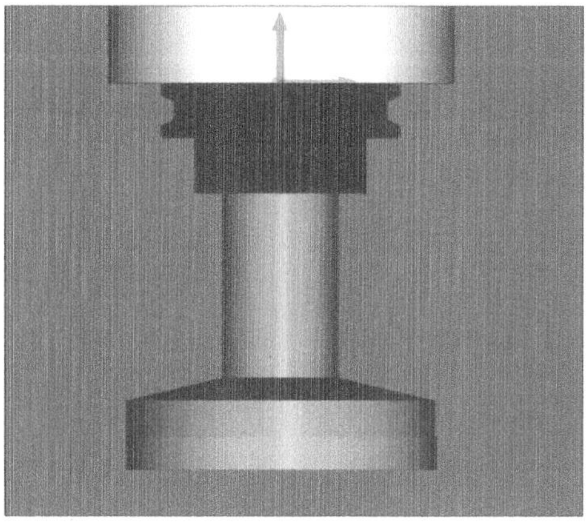

9) ESPRIR 도구 라이브러리(*.gdml)파일에서 나머지 도구 가져오기

라이브러리에는 밀링 및 드릴링 도구가 포함되어 있다.

① 공구 열기를 클릭한다.

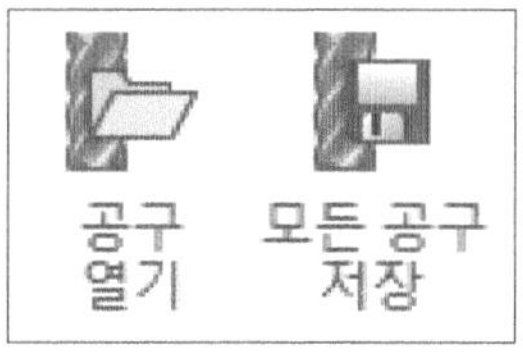

② MillingTools.gdml파일을 열어 도구를 가져온다.

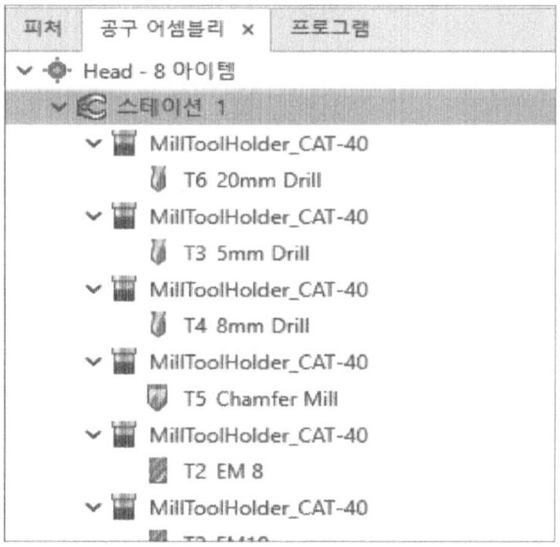

10) 직면 가공

① 피처 관리자에서 포켓 피처 내부의 경계1을 선택한다.

② 면 가공을 선택한다.

③ 기본값으로를 클릭한다.

④ 일반 탭에서 :

- 작업 이름 = 직면
- 도구 ID = 페이스 밀
- 절삭 속도 RPM = 1000
- XY 이송 속도 PM = 200
- Z 이송 속도 PM = 200

⑤ 단계설정 탭에서:

- 브리지 이동 = 호

⑥ 확인을 클릭한다.

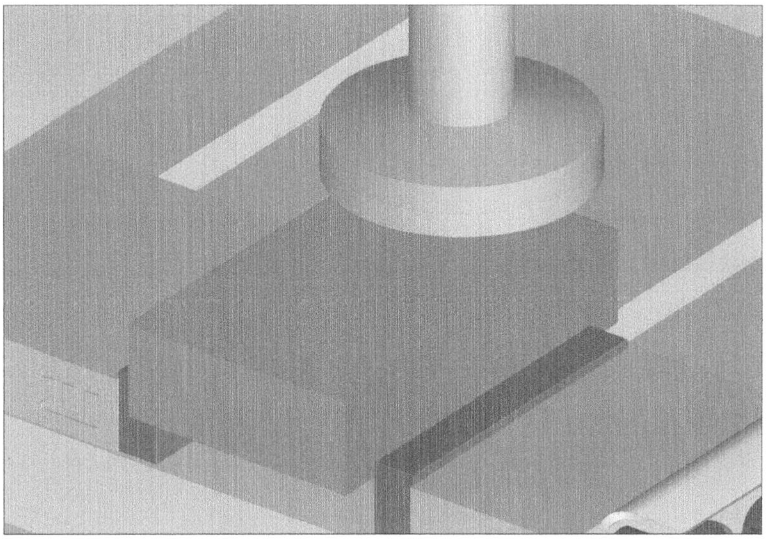

11) 거친 포켓 가공

① 피처 관리자에서 포켓 피처를 선택한다.

② 밀링 탭을 클릭하고 포켓을 클릭한다.

③ "기본값으로"를 클릭한다.

④ 일반 탭에서 :

- 작업 이름 = 러프 포켓
- 도구 ID = EM25
- 스톡 업데이트 = 예

⑤ 단계설정 탭에서 :

- 공구 동작 패턴 = ProfitMilling
- (슬로팅 단계설정) 절삭속도 RPM = 2000
- (슬로팅 단계설정) XY 이송속도 PM = 500
- (슬로팅 단계설정) 증분 깊이 = 10
- 총 깊이 = 25

⑥ 황삭 탭에서 :

- 절삭속도 RPM = 2000
- XY 이동속도 PM = 500
- Z 이송속도 PM = 100
- 최대 이송속도 PM = 10000
- 직경의 % 값 = 50%
- 벽면 가공 여유 = 0.5

⑦ 확인을 클릭한다.

⑧ 포켓의 모서리와 중앙에서 스윕 원형 모션 영역과 벽의 모양을 따르는 스윕 오프셋 모션을 확인한다. 커터의 하중은 전체 공구 경로에 걸쳐 일정하다.

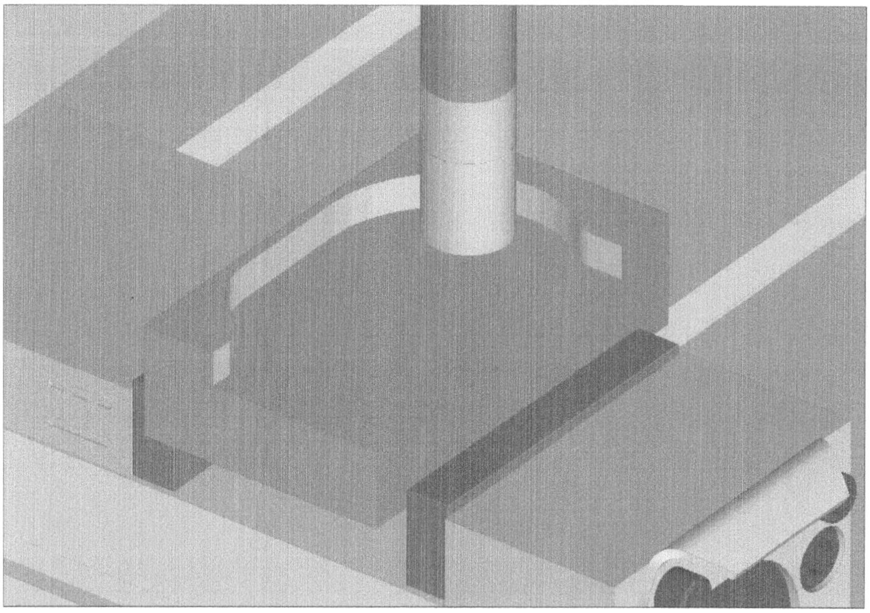

12) 정삭 포켓 가공

① 피처 관리자에서 포켓 피처를 선택한다.

② 밀링 탭을 클릭하고 포켓을 클릭한다.

③ "기본값으로"를 클릭한다.

④ 일반 탭에서 :

- 작업 이름 = 러프 포켓 정삭
- 도구 ID = EM10
- 스톡 업데이트 = 예

⑤ 단계설정 탭에서 :

- 공구 동작 패턴 = ProfitMilling
- (슬로팅 단계설정) 절삭속도 RPM = 5000
- (슬로팅 단계설정) XY 이송속도 PM = 2000
- (슬로팅 단계설정) 증분 깊이 = 10
- 총 깊이 = 25

⑥ 황삭 탭에서 :

- 절삭속도 RPM = 5000
- XY 이동속도 PM = 2000
- Z 이송속도 PM = 200
- 최대 이송속도 PM = 10000
- 직경의 % 값 = 50%
- 벽면 가공 여유 = 0.0

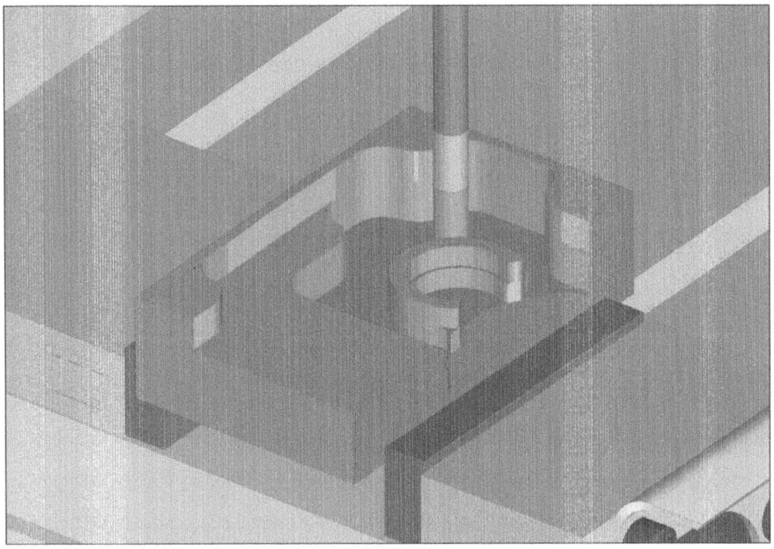

13) 스폿 드릴 및 구멍 드릴 가공

이 부분에는 크기가 다른 구멍이 있다. 먼저 각 구멍의 중앙에 파일럿 구멍을 뚫은 다음 작은 구멍을 뚫는다.

① 작업 관리자에서 면 및 포켓 작업을 숨긴다.

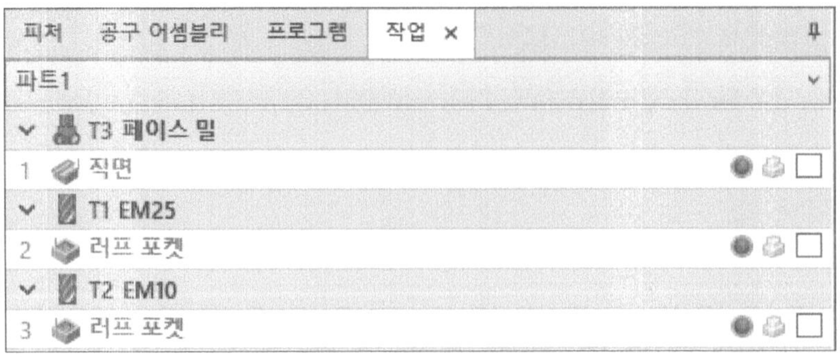

② 피처 관리자에서 단순 구멍 1개, 단순 구멍 2개, 카운트 싱크 3개를 그룹화한다.

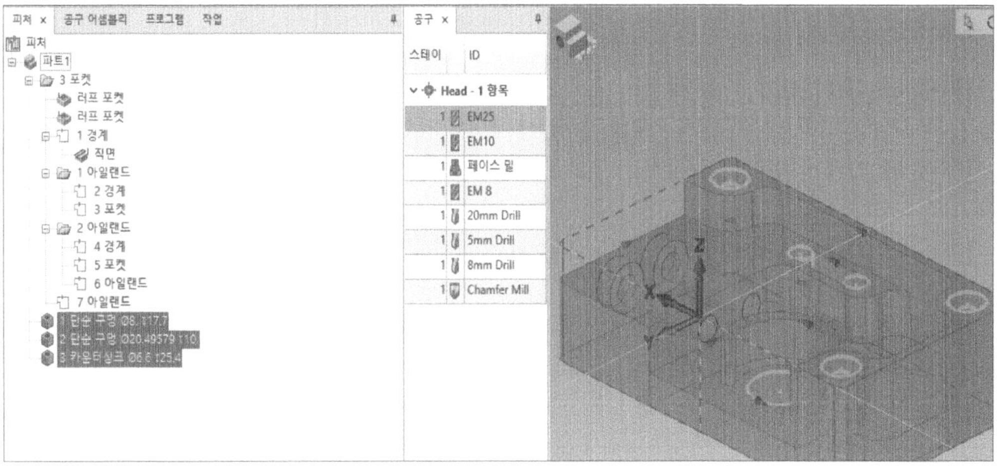

③ 드릴링을 클릭한다.

④ "기본값으로"를 클릭한다.

⑤ 일반 탭에서 :

- 작업 이름 = 스폿 드릴링
- 도구 ID = 5mm 드릴
- 절삭속도 RPM = 1000
- Z 이송속도 PM = 100

⑥ 구멍 탭에서 :

- 피처의 깊이 = 아니요
- 총 깊이 = 2.0
- 사이클 유형 = 드릴링

⑦ 확인을 클릭한다. 이 작업은 세 구멍 피처 모두에 적용되며 피처는 피처 관리자의 단일 폴더(피처 그룹)에 자동으로 그룹화된다.

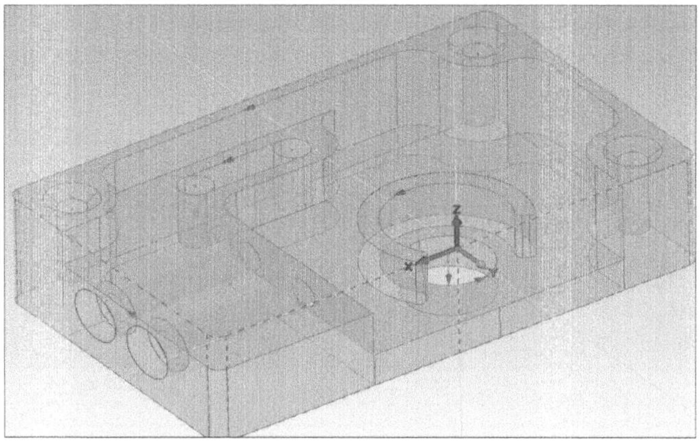

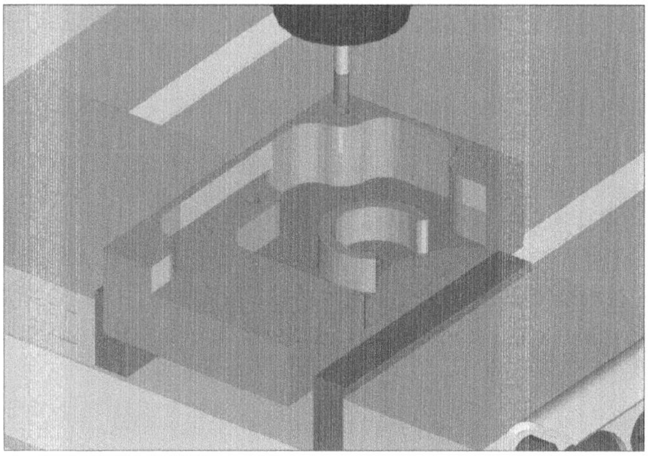

⑧ 피처 관리자에서 단순 구멍 1개와 카운트 싱크 3개를 그룹화한다.

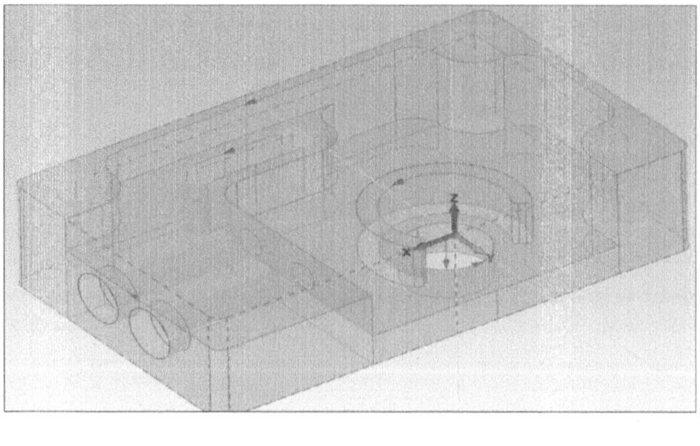

⑨ 드릴링을 다시 클릭한다.

⑩ 일반 탭에서 :

- 작업 이름 = 드릴링
- 공구 ID = 8mm 드릴
- 절삭속도 RPM = 800
- Z 이송속도 PM = 80

⑪ 구멍 탭에서 :

- 기능에서 깊이 = 예
- 사이클 유형 = 펙드릴

⑫ 확인을 클릭한다.

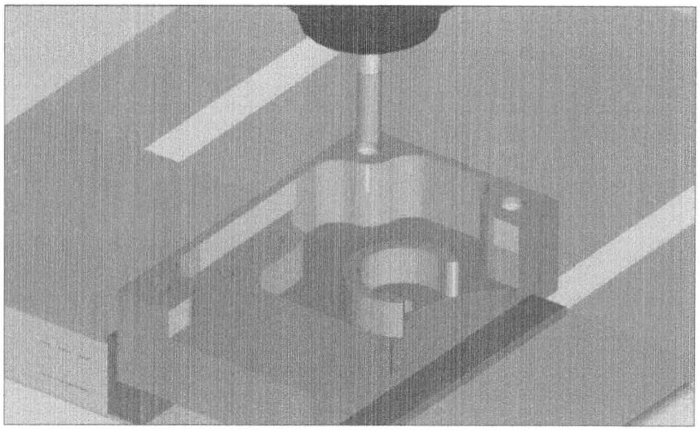

⑬ 피처 관리자에서 "2 단순 구멍"을 클릭한다.

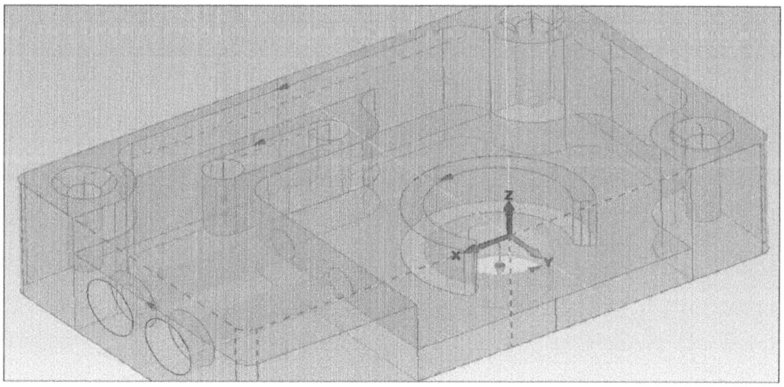

⑭ 드릴링을 클릭한다.

⑮ 일반 탭에서 :

- 작업 이름 = 큰 구멍 드릴링
- 공구 ID = 20mm 드릴
- 절삭속도 RPM = 400
- Z 이송속도 PM = 40

⑯ 구멍 탭에서 :

- 관통깊이 = 2
- 사이클 유형 = 펙드릴

⑰ 링크 탭에서 :

- 전체 반환면 = 전체 여유
- 전체 여유 = 15
- ~부터 전체 여유 = 화살표 클릭, 솔리드 모델의 상단면을 클릭한다.
- 확인을 클릭한다.

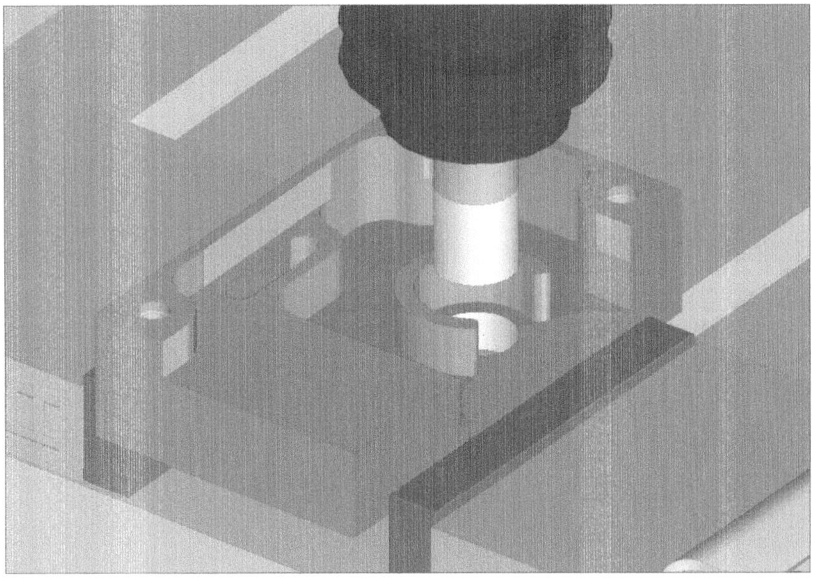

14) 카운트싱크 구멍 가공

① 피처 관리자에서 “3 카운트싱크”를 선택하고 드릴링을 클릭한다.

② 기본값으로를 클릭한다.

③ 일반 탭에서 :

- 작업 이름 = 카운트싱크
- 도구 ID = 모따기 밀
- 절삭속도 RPM = 800
- Z 이송속도 PM = 80

④ 구멍 탭에서 :

- 사이클 유형 = 드릴링

⑤ 확인을 클릭한다.

✓ 드릴링 깊이는 공구의 형상과 제품의 형상에 따라 자동으로 결정된다.

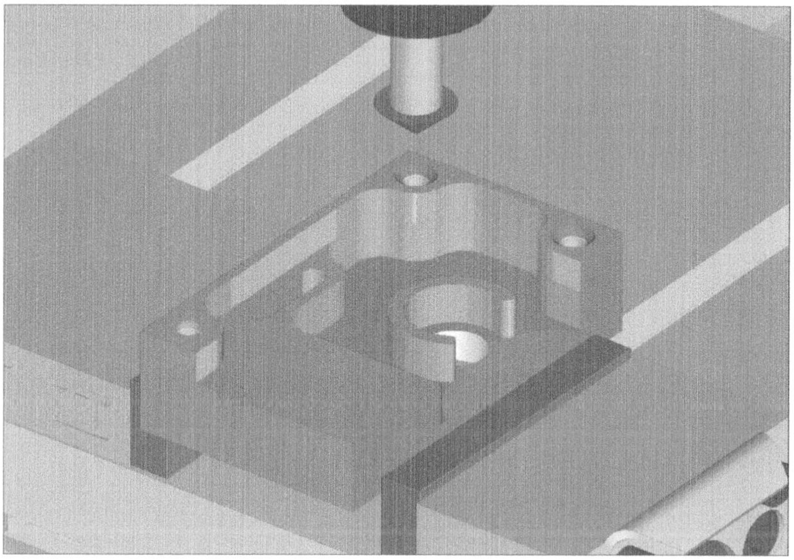

15) 슬롯 밀링 가공

슬롯의 끝은 이미 뚫려 있다. 미리 뚫린 구멍을 포켓 작업의 진입점으로 사용할 수 있다.

① 포켓3을 선택하고 밀링 탭에서 포켓을 클릭한다.

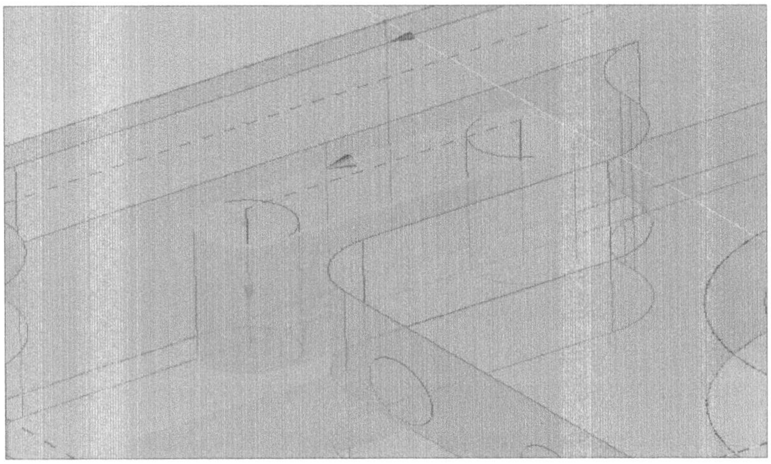

② "기본값으로"를 클릭한다.

③ 일반 탭에서 :

- 작업 이름 = 슬로팅
- 도구 ID = EM8

④ 단계설정 탭에서 :

- 증분 깊이 = 6
- IDepth = 부분 깊이에 대한 리트랙트

⑤ 황삭 탭에서 :

- 절삭속도 RPM = 1000
- XY 이동속도 PM = 100
- Z 이송속도 PM = 100
- 공구진입모드 = 점에서 플런지
- 미리 정의된 포인트에서 = 예
- 미리 정의된 점 = 선택 화살표를 클릭한 다음 그래픽 영역에서 피처1 단순 구멍을 선택한다.

⑥ 확인을 클릭한다.

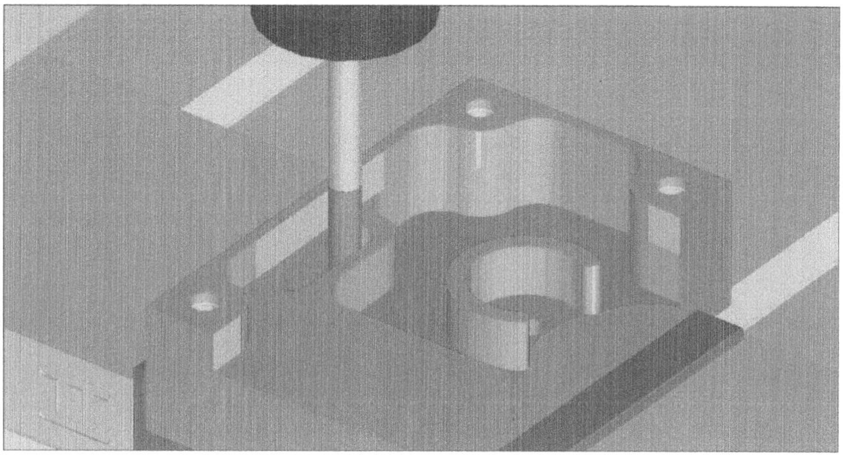

16) 파트의 상단을 향하도록 작업 삽입

포켓 작업 후에 마주보는 작업을 만든다. Operations Manager에서 작업 순서를 쉽게 변경할 수 있고 재고 자동화가 처리 중인 재고의 실제 모양을 기반으로 공구 경로를 업데이트하기 때문에 문제가 되지 않는다.

① 작업 관리자의 러프 포켓 목록에서 첫 번째 작업은 마우스 오른쪽 단추를 클릭하고 위치 삽입을 선택한다. 모든 새 작업이 이 위치의 목록에 추가된다.

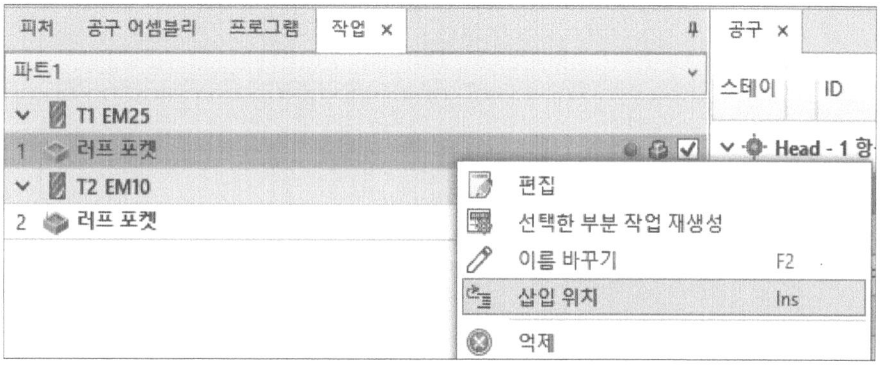

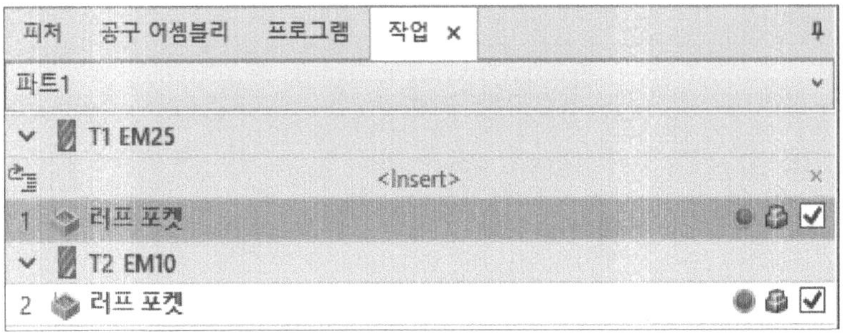

17) 임의로 구멍 치수 바꾸기

① 피처 관리자에서 바꾸고 싶은 구멍을 두 번 클릭한다.

② 구멍의 유형, 지름, 깊이, 모따기의 지름, 각도 등을 변경할 수 있다.

③ Operations Manager에서 마우스 오른쪽 단추를 클릭하고 자세히 보기를 선택하여 작업과 연결된 기능의 이름을 표시한다.

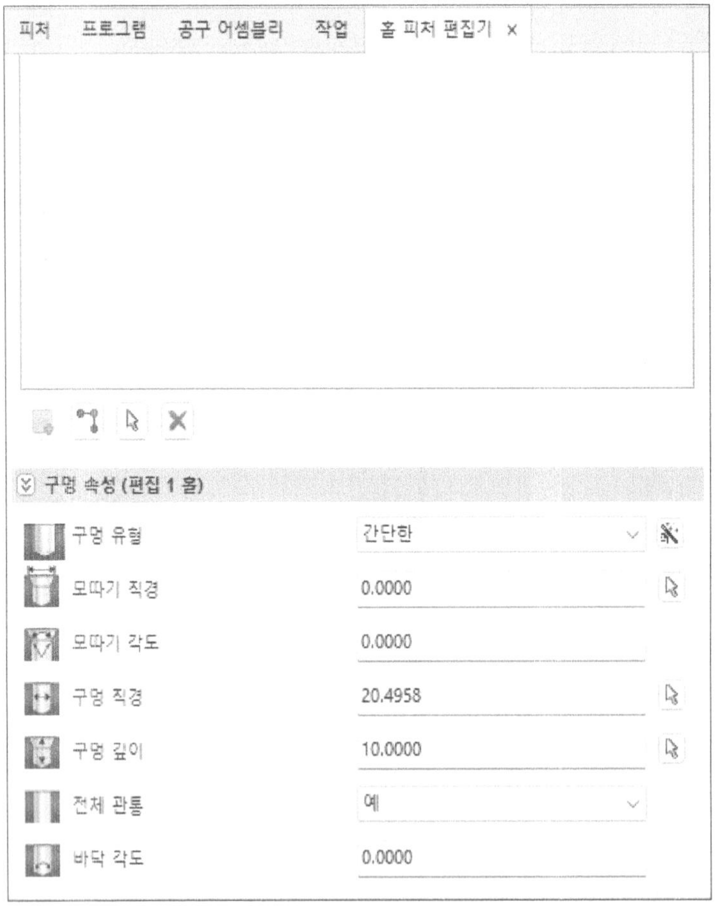

④ 해당 구멍에 적용된 드릴링 작업을 마우스 오른쪽 버튼으로 클릭하고 선택한 부품 작업 재생성을 선택한다. 이제 바뀐 치수대로 부품을 재생성한다.

18) 작업 관리자 → 목록에서 작업을 끌어서 놓아 작업을 다시 정렬

① 작업 관리자에서 마우스 오른쪽 단추를 클릭하고 축소된 보기를 선택한다.

② 목록 맨 아래에서 슬롯화 작업을 선택한다.

③ 마우스 왼쪽 버튼을 누른 상태에서 커서를 원하는 위치로 끈다.
(파란색 선은 위치를 나타낸다.)

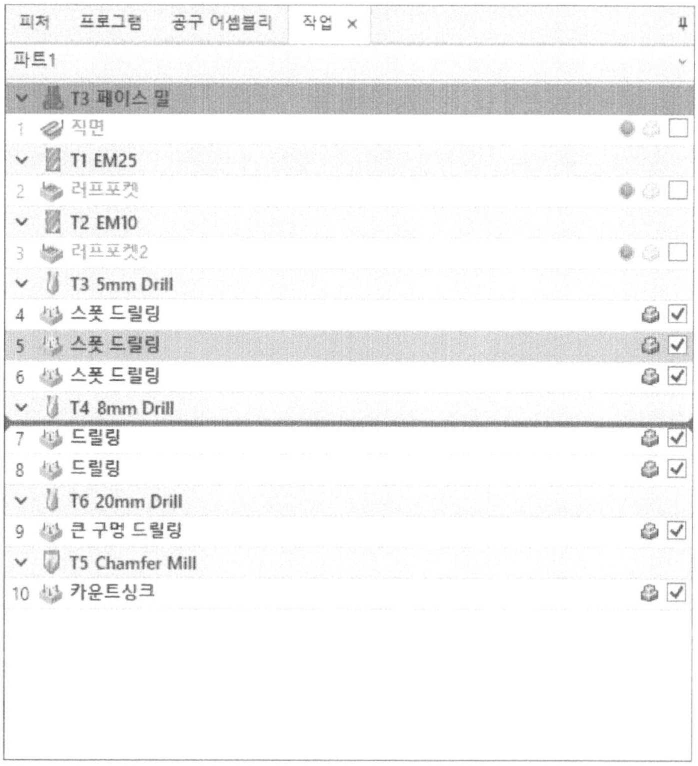

④ 마우스 왼쪽 버튼을 놓아 작업을 제자리에 놓는다. 해당 작업 다음에 오는 목록의 모든 작업에 대해 재고가 자동으로 다시 계산된다.

PART Ⅲ

3D 모델링을 활용한 2D 가공

Chapter 4. 2D 가공

PART Ⅲ

Chapter 4. 2D 가공

4.1 2D 가공 따라하기(면가공, 포켓, 드릴링)

(1) 3D 모델링 가공에 필요한 NC데이터를 생성

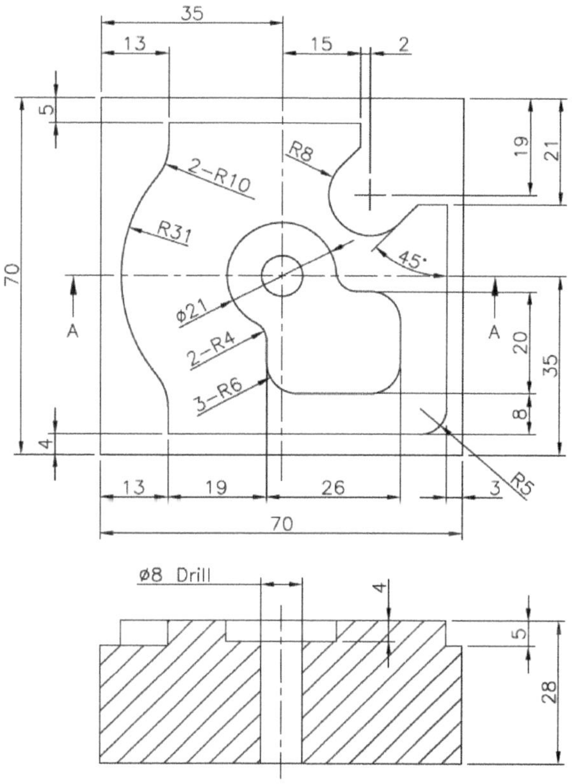

단면 A-A'

1) 부품 가져오기

① 파일 → 가져오기를 클릭하여 부품 파일을 가져온다.

② 포켓의 세부 정보를 볼 수 있도록 모델을 회전한다. (Control+마우스 휠)

2) 밀링 작업을 위한 스톡

① 피처 관리자에서 "파트1"이라는 개체를 확인한다.

② "파트1"을 선택하고 마우스 우클릭하여 편집파트를 선택한다.

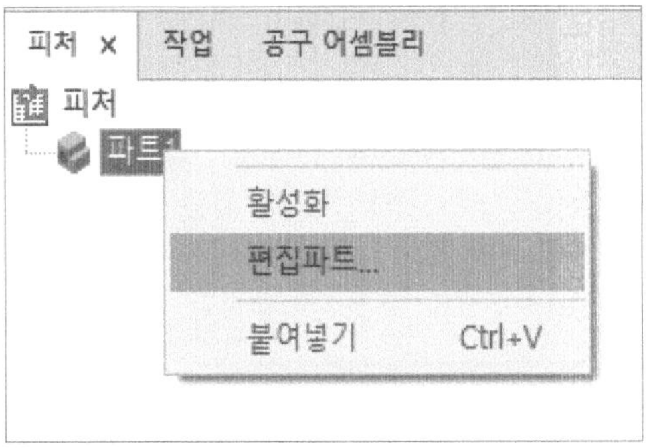

③ 파트 셋업 창에서 "파트1"을 더블 클릭하고 솔리드 모델을 선택하여 지오메트리에 솔리드를 추가한다.

④ 확인을 클릭하여 부품을 업데이트한다.

⑤ 블록을 클릭하여 스톡 모델을 자동 크기 블록으로 생성한다.

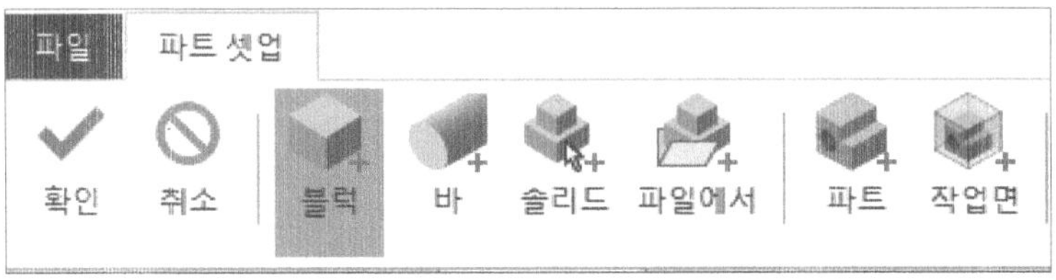

⑥ 높이(Z)를 아래 정렬로 설정하고 높이를 30으로 변경하여 모델 상단에서 2mm를 증가시킨 스톡을 추가한다.

⑦ 확인을 클릭하여 스톡을 추가한 다음 확인을 다시 클릭하여 부품 설정을 닫는다.

3) 홀 피처 생성

① 피처 탭에서 홀을 클릭한다.

② 최대 직경 옆의 화살표를 클릭한 다음 가운데 구멍의 모서리를 선택한다.

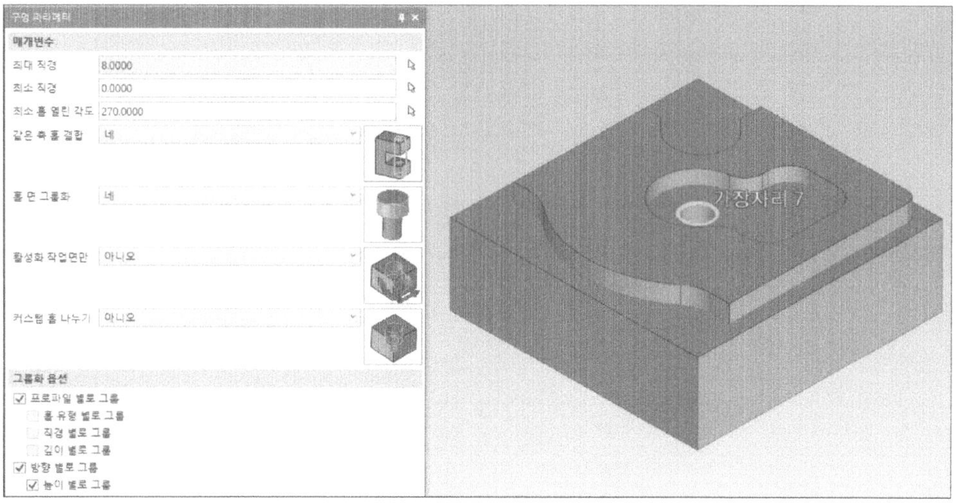

③ 최소 직경을 0으로 설정한다.

④ 홀 면 그룹화와 활성화 작업면만을 네로 설정한다.

⑤ 솔리드 모델을 선택하고 확인을 클릭한다.

✓ 구멍 피처가 자동으로 생성되고 구멍 유형, 지름, 및 깊이에 따라 이름이 지정된다. 중앙의 큰 구멍이 인식되어 밀링을 하기 전에 미리 드릴링을 할 수 있다.

⑥ 피처 관리자에서 홀 피처가 생성된 것을 확인할 수 있다.

4) 포켓 피처 생성

① CTRL + A를 눌러 솔리드 모델을 선택한다.

② 피처 탭에서 포켓을 클릭한다.

③ 포켓 피처가 작성되고 활성 부품과 연결된다.

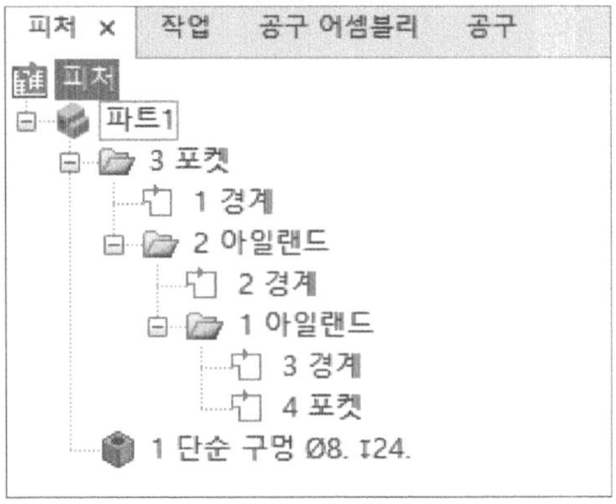

5) 밀링 머신 설정

앞에서 학습한 대로 머신, 고정구 공작물등을 설정한다.

6) 공구 장착

이번 가공 공정에서 는페이스 밀, 앤드밀 및 드릴이 필요하다. 공구 관리자에서 아래의 공구를 생성하도록 한다.

- T01 : Ø80 페이스밀
- T02 : Ø10 평엔드밀
- T03 : Ø3 센터드릴
- T04 : Ø8 드릴

➜ 홀더는 샘플 폴더에서 MillToolHolder_CAD-40.g의 파일을 선택한다.

7) 직면 가공

① 피처 관리자에서 포켓 피처 내부의 경계1을 선택한다.

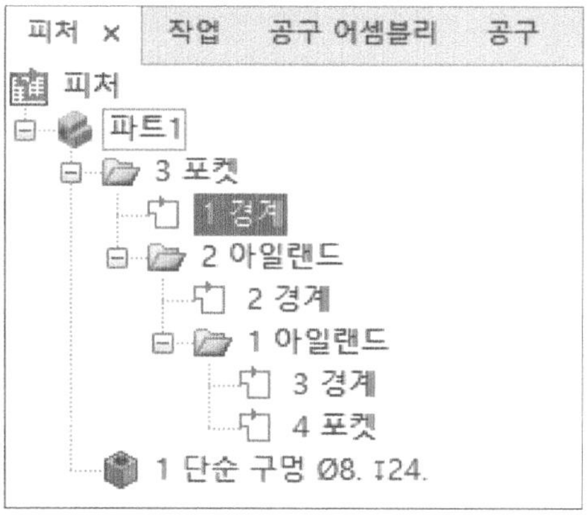

② 밀링 탭에서 면 가공을 선택한다.

③ "기본값으로"를 클릭하여 설정값을 초기화한다.

④ 일반 페이지 설정

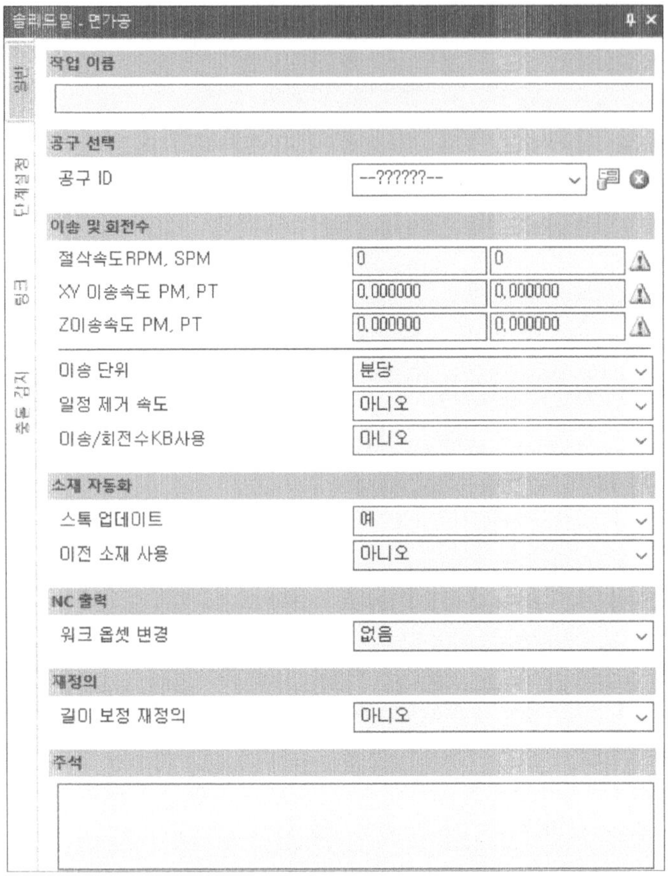

- 작업 이름 : 프로그램의 작업 이름을 적는다.
- 공구 선택 : 사용할 공구를 선택한다. 오른쪽의 화살표를 눌러 풀다운 메뉴에서 공구를 선택한다. 가공에 사용할 공구가 만들어지지 않은 경우에는 목록에 공구가 표시되지 않는다.
- 제어 점
  - 팁(Tip) : 공구의 바닥중심에서 공구 경로가 생성된다.
  - 반경의 중심 : 공구 경로가 공구의 반지름 값만큼 옵셋되어 표면 프로파일과 매치된다.
- 이송 및 회전수 : 가공에 사용할 스핀들의 피드(이송 속도) 및 회전수를 정한다.
  - 절삭속도RPM, SPM : 가공에 사용할 스핀들 회전수를 입력한다.
    - RPM : 스핀들 회전수를 입력한다. RPM 값을 입력하면 SPM의 값은 자동으로 변환되어 입력된다. RPM은 분당 회전수를 의미한다.

RPM = (12 * SPM) / (PI * 공구 지름), 미터법을 사용하는 경우 12대신 1000을 사용

- SPM : 분당 표면(surface) 속도를 의미한다. SPM 값을 입력하고 키보드의 'TAB'버튼을 누르면 자동으로 RPM 값이 연산되어 입력된다.

  SPM = RPM * PI * 공구 지름 / 12, 미터법을 사용하는 경우 12대신 1000을 사용

- 이송속도 PM, PT : 절삭 피드를 입력한다. PM은 분당 이송속도를 의미하며, PT 는 날당 이송속도를 의미한다.
- 이송 단위 : 기본적으로 분당이송 표기 및 사용
- 일정 제거 속도 : 이송 속도를 조절하여 절삭 속도를 일정하게 유지시키는 기능을 사용하거나 해제한다. "아니오"를 선택하면 지정된 이송 속도가 사용된다.
- 이송/회전수KB사용 : KB(KnowledgeBase : 지식기반 시스템)로부터 자동으로 가공조건을 입력할 경우 사용한다. 자동 가공 시스템(KBM) 옵션이 장착된 경우 사용 가능하다. 자동 가공 시스템이 탑재되어 있지 않은 경우에는 일반적으로 '아니오'를 선택하면 된다. '아니오'를 선택하면 수동으로 회전수와 피드값을 입력하여야 한다.

■ 소재 자동화 : 스톡 모델을 업데이트할지 여부를 선택한다. "예"를 선택하면 작업 중에 제거된 재료를 업데이트한다.

■ NC 출력 : 가공 소재가 기계에서 회전할 때 작업 오프셋의 변형을 허용할지 여부를 선택한다.

- 없음 : 작업 오프셋은 기계의 한 위치에 유지
- 이동 : 작업 간격띄우기를 지정된 거리만큼 이동
- 회전 : 작업 간격띄우기를 회전하고 변환
- RTCP : 공구는 가공 중에 중심점을 기준으로 회전, 좌표는 부품을 기준으로 출력

■ 재정의

- 길이 보정 재정의 : 공구 길이 보정을 재지정할지 여부를 선택한다. 이 설정을 사용하면 작업당 길이 보정 레지스터를 변경할 수 있다.

일반 페이지의 설정값은 아래와 같이 설정하도록 한다.

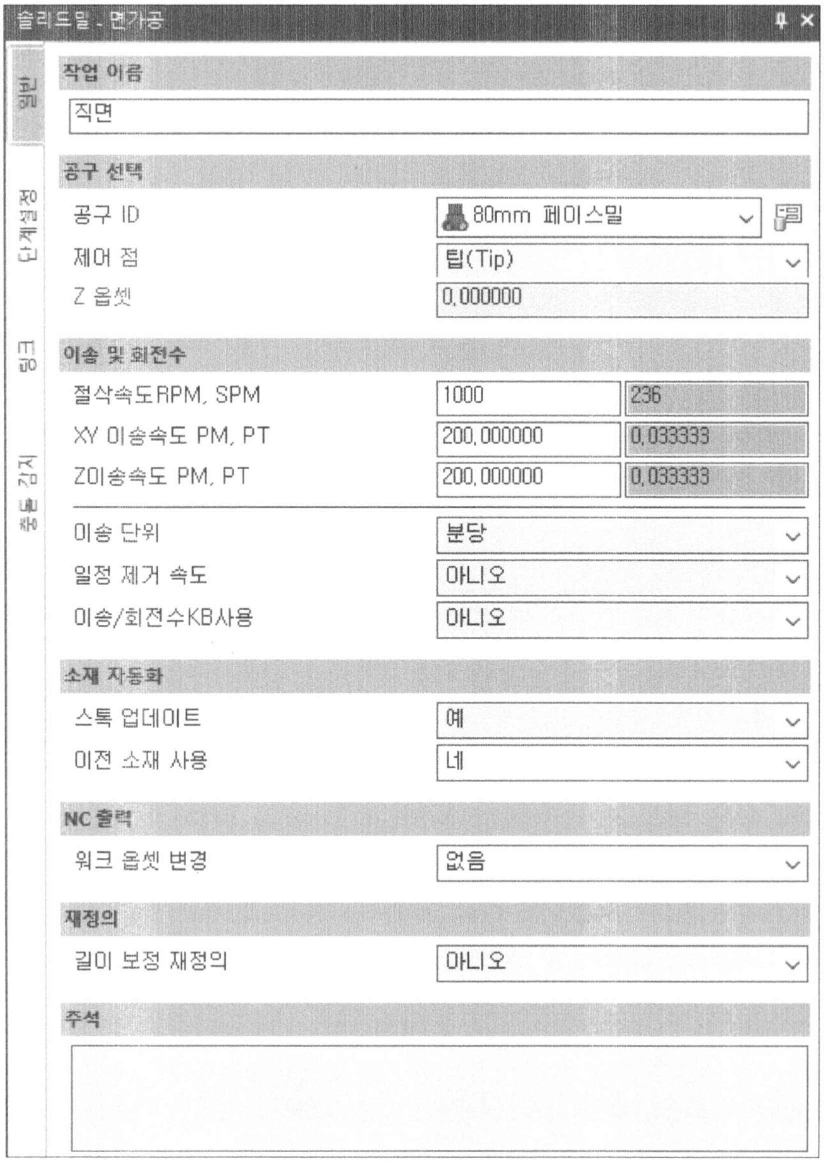

⑤ 단계설정 페이지 설정

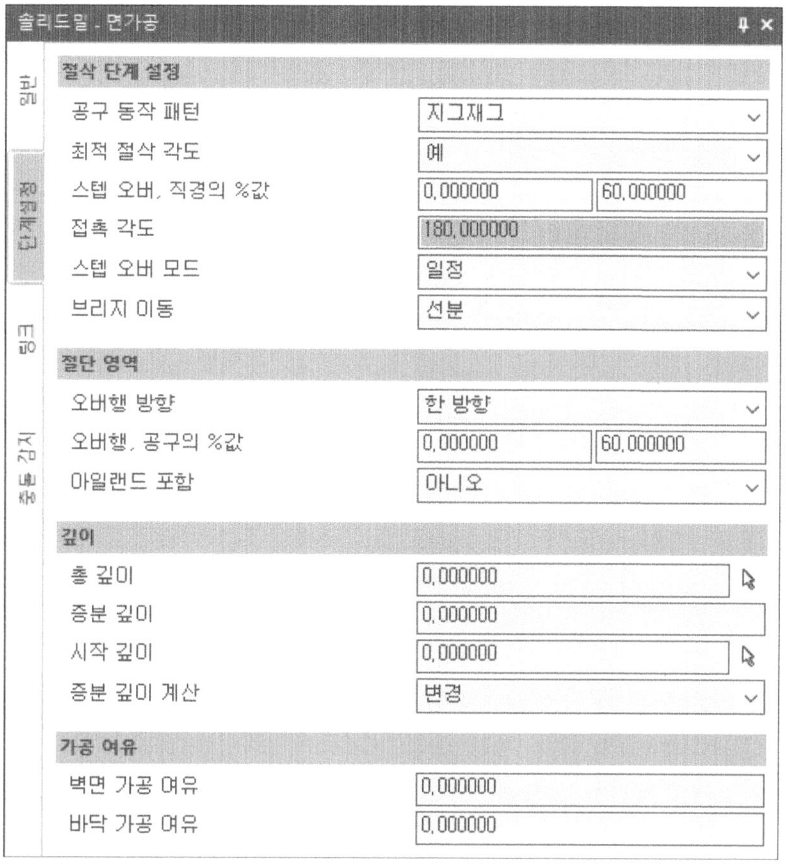

■ 절삭 단계 설정

- 공구 동작 패턴

  ‣ 한방향 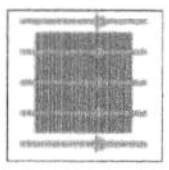 : 한 방향으로 모든 가공 패스를 생성

  ‣ 지그재그  : 앞뒤 동작으로 가공 패스를 생성

  ‣ 프로핏 페이싱  : 외부에서 내부로의 나선형 절삭 패턴을 생성

  ‣ 하나의 경로 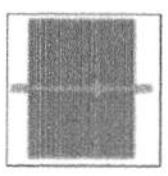 : 직면 작업에 대한 단일 가공 패스를 생성

- 최적 절삭 각도 : 최적 절삭 각도는 공구 동작 패턴이 단방향 또는 지그재그 가공 패스에 최적의 절단 각도를 사용할지 여부를 나타낸다.
- 스텝 오버 : 가공 피치 값(가공 경로 사이의 측면 거리 : 공구 중심에서 중심까지의 거리)을 입력한다. 스텝오버 값은 그 값을 직접 입력할 수도 있고, 공구 직경에 대한 %값을 입력할 수 있다.
  스텝오버 값과 '직경의 %값'은 상호 연계되어 있는 값이라 한쪽을 입력하면 다른 쪽은 자동으로 계산된다.

- 접촉 각도 : 최적 절삭 각도가 "아니오"인 경우에만 적용된다. 가공 패스의 각도를 입력한다.

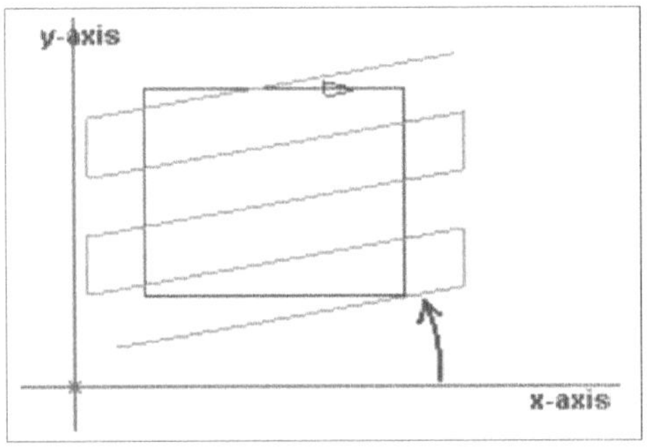

- 스텝 오버 모드
  - 일정 : 지정된 스텝 오버를 계산된 마지막 가공 패스에 적용하여 오버행 방향 및 백분율로 정의된 절단 영역을 기준으로 나머지 재료를 제거한다.
  - Even : 각 패스가 동일한 결합을 제공하도록 스텝오버를 계산
- 브리지 이동
  - 선분 : 앞뒤 가공 패스를 선 세그먼트와 연결한다.
  - 호 : 앞뒤 가공 패스를 호로 연결한다.

■ 절단 영역

- 아일랜드 포함
  - 예 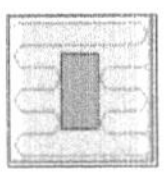 : 페이스 가공 시, 가공을 하지 않고 회피할 영역을 지정할 수 있다. '확인' 버튼을 누르고 아일랜드 부분을 선택하여야 한다.
  - 아니오 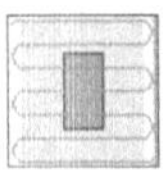 : 가공을 회피할 영역(아일랜드)을 고려하지 않고 모든 부위를 가공한다.

■ 깊이

- 총 깊이 : 가공할 깊이를 입력한다. 가공 깊이는 피처가 위치한 면으로부터 계산된다. +값은 피처로부터 아래 방향을 의미하고 -값은 피처로부터 윗 방향을 의미한다.
  화살표 아이콘은 마우스로 화면에서 값을 선택하고자 하는 경우 사용한다. 화면에서 도형이나 피처를 선택하면 자동으로 값이 입력된다.
  - 총 깊이가 증분 깊이로 나누어 떨어지는 경우

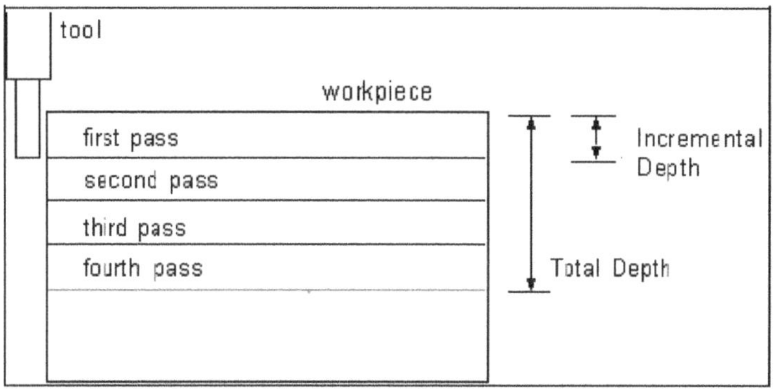

예를 들어 총 깊이가 10mm이고, 가공 깊이가 2.5mm인 경우에는 총 4번에 걸쳐 가공 경로가 만들어진다.

  - 총 깊이가 가공 깊이로 나누어 떨어지지 않는 경우

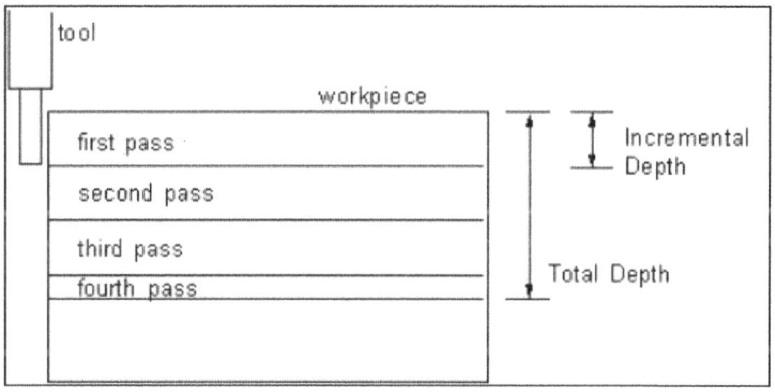

1번하고 동일한 총 깊이를 가지더라도 가공 깊이가 3mm라고 한다면, 3mm 절입량을 가지는 3번의 가공 경로가 만들어지고 마지막 네번째 가공 경로에는 가공 깊이가 1mm로 적용된다.

- 증분 깊이 : 시작 깊이와 전체 깊이로 설정된 Z 레벨 사이의 증분 가공 패스에 대한 깊이를 입력

■ 가공 여유

- 벽면 가공 여유 : 모델의 벽면과 공구 경로 사이의 거리를 의미한다. 양수나 음수 값을 입력할 수 있다.
- 바닥 가공 여유 : 모델의 바닥과 공구 경로 사이의 거리를 의미한다. 양수나 음수 값을 입력할 수 있다.

단계설정 페이지의 설정값은 아래와 같이 설정하도록 한다.

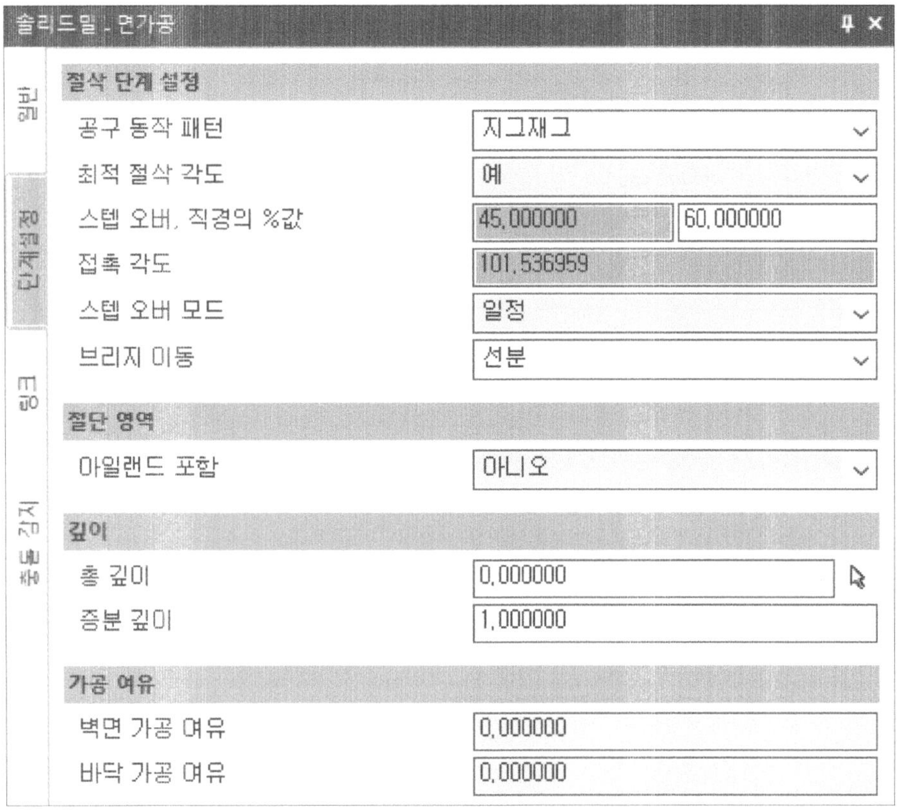

⑥ 링크 페이지 설정

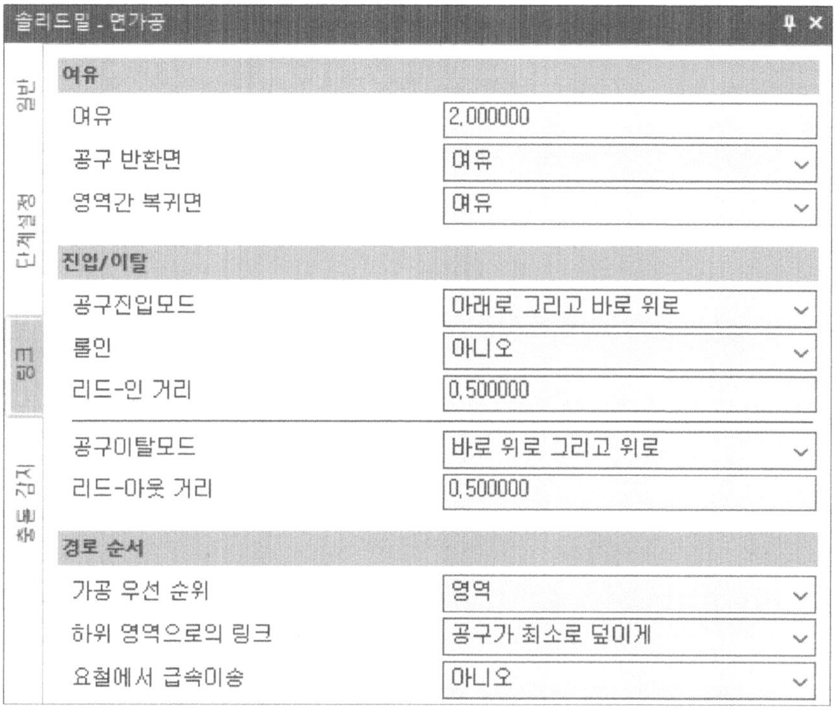

■ 여유

- 여유 : 급속 이송, 가공, 공구 교환, 위치 변경 시 안전 높이 및 복귀 면을 결정하는 기능이다. '여유(clearance)'는 기준점(기준면)으로 부터의 수직방향으로의 거리값을 의미한다.
- 공구 반환면 : 가공 시작할 때와 마쳤을 때, 공구가 위치할 면(복귀 위치, Z평면)을 선택한다.
  - 부분 깊이  : 순차적으로 계속 아래로 가공하는 경우에 유용하며, 마지막으로 가공을 끝낸 경로로부터 여유에 입력한 값만큼 공구를 위로 띄운다.
  - 여유  : 여유에 입력한 값만큼 시작 깊이에서 측정된 높이에 공구가 위치하게 된다.
  - 전체 여유 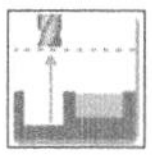 : 전체 여유에 입력한 값에 따라 공구가 위치한다. 입력한 값이 적용되는 기준은 전체 좌표계와 지역 좌표계를 쓸 때 각각 다르다.

- 초기 여유 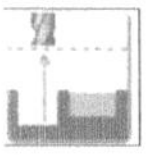 : 공구 설정 시 입력한 초기 위치에 공구가 위치하게 된다.
- 없음  : 공구는 반환면으로 이동하지 않고 다음 경로로 이송한다.

\- 영역간 복귀면 : 가공 중에 위치를 바꿔야 하는 동작이 있는 경우, 공구를 위로 들어 올려 이동을 시켜야 하는데, 이 때 적용시킬 기준면 (복귀면, 안전 높이 등)을 선택하는 기능이다.

- 여유  : 여유에 입력한 값만큼 시작 깊이에서 측정된 높이에 공구가 위치하게 된다.
- 전체 여유 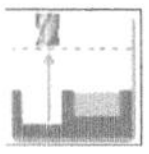 : 전체 여유에 입력한 값에 따라 공구가 위치한다.
  입력한 값이 적용되는 기준은 전체 좌표계와 지역 좌표계를 쓸 때 각각 다르다
- 초기 여유 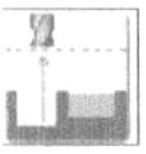 : 공구 설정 시 입력한 초기 위치에 공구가 위치하게 된다.
- 부분 깊이  : 순차적으로 계속 아래로 가공하는 경우에 유용하며, 마지막으로 가공을 끝낸 경로로부터 여유에 입력한 값만큼 공구를 위로 띄운다.
- 없음  : 공구는 반환면으로 이동하지 않고 다음 경로로 이송한다.

※ 복귀 면 설명

복귀 면은 가공 중 위치를 변경할 때 적용되는 면의 의미로 그림으로 표현하면 다음과 같다.

등각투상도로 본 경우	측면에서 본 경우
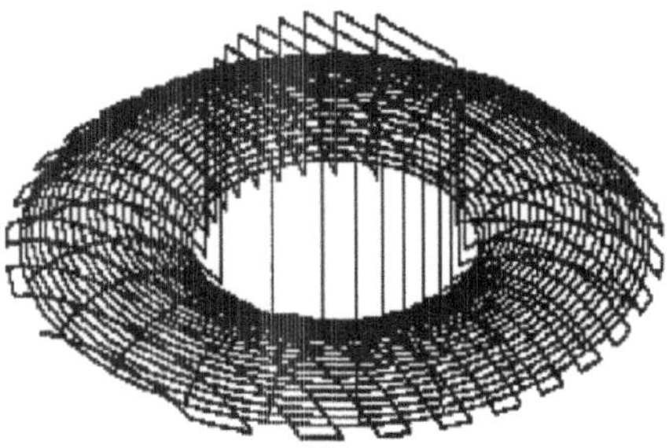	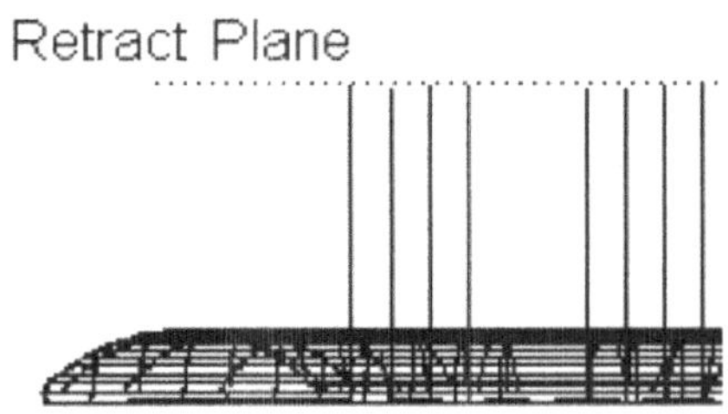

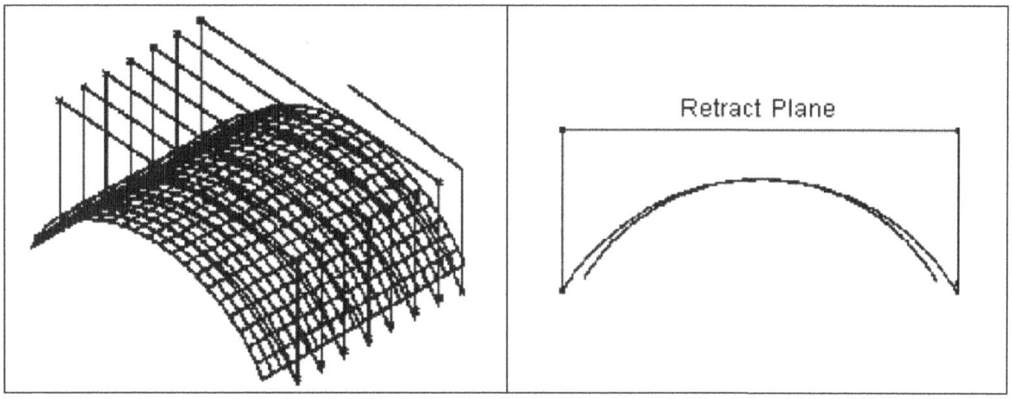

■ 진입/이탈

- 공구진입모드 : 가공할 깊이를 입력한다. 가공 깊이는 피처가 위치한 면으로부터 계산된다. +값은 피처로부터 아래 방향을 의미하고 -값은 피처로부터 윗 방향을 의미한다.

  ▸ 아래로 그리고 바로 위로 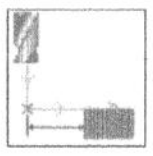

  : 피드값이 적용되어 Z 방향으로 움직인 후에 수평 방향으로 피드값이 적용되어 진입한다.

  ▸ 급속 아래로, 바로 위에서 이송로 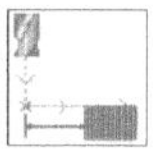

  : 급속으로 Z 방향으로 이동한 후, 피드값이 적용되어 수평방향으로 진입한다. 소재의 바깥에서 가공을 시작하는 경우 유용하다.

- 롤인 : "예"로 설정하면 선형 진입 대신 아크 도입 탄젠트를 생성한다.
- 리드-인 거리 : 입력한 거리만큼 떨어진 지점에 공구 진입점이 만들어진다.
- 공구이탈모드

  ▸ 바로 위로 그리고 위로 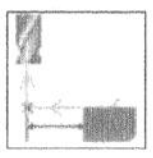

  : 피드 이송으로 소재를 벗어난 후, +Z 방향으로 피드 이송한다.

  ▸ 바로 위에서 이송, 위로 급속 이송 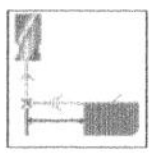

  : 가로 방향으로 피드 이송 시킨 후, 급속 이송으로 공구를 들어올린다.

- 리드-아웃 거리 : 입력한 거리만큼 떨어진 지점에 공구 이탈점이 만들어진다.

■ 경로 순서

가공 우선 순위 : Z-축 방향으로의 가공 방법을 선택한다.

- 영역  : Z 방향으로의 모든 가공(총 깊이)을 마치고 다른 구역의 가공을 한다.
- Z레벨 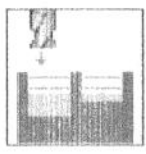 : 각각의 가공 깊이에서 모든 구역을 가공하고 다음 깊이로 진행한다.

\- 하위 영역으로의 링크

- 공구가 최소로 덮이게 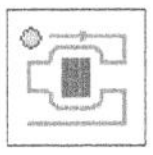

  : 공구가 묻히는(100% 부하 상태) 상태를 최소화하는 가공 경로를 만든다. 대신 절삭 시간은 길어진다.
- 최소 절삭 시간 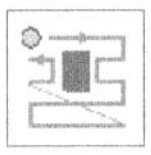

  : 가장 짧은 시간에 절삭을 끝낼 수 있는 가공 경로를 만든다. 특정 부위에서는 공구가 묻히는 상태가 생길 수 있고, 위치 변경을 위한 급속 이송 경로가 만들어지기도 한다.

\- 요철에서 급속 이송 : 가공할 필요가 없는 빈 구역에 대하여 가공 경로를 만들지 않을 것인지, 또는 경로는 만들지만 그 부분만 급속 이송을 할 것인지를 결정한다.

- 아니오 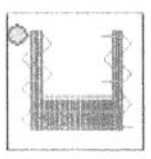 : 빈 구역에 가공 경로를 만들지 않는다.
- 예 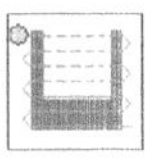 : 빈 구역에도 가공 경로를 만들지만, 빈 구역을 통과하는 경로는 급속 이송으로 처리한다.

링크 페이지의 설정값은 아래와 같이 설정하도록 한다.

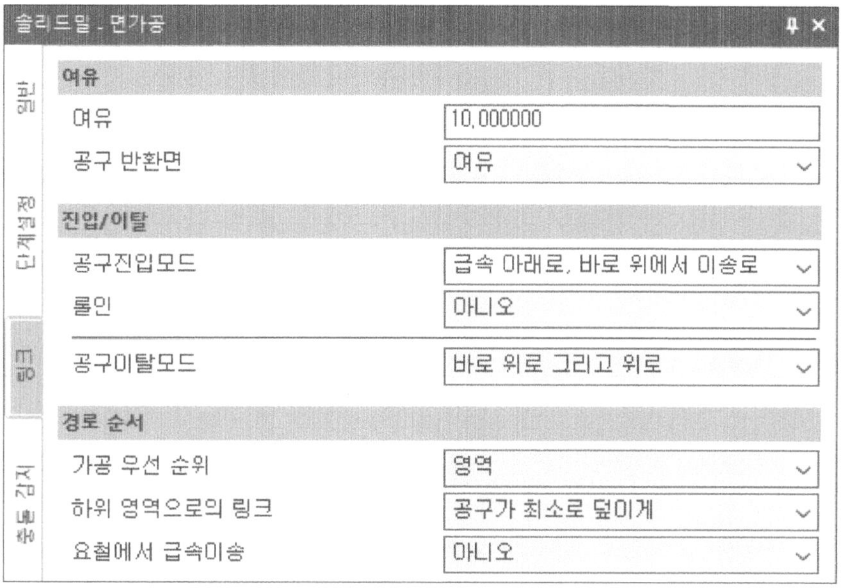

⑦ 충돌 감지 페이지 설정

- Fixture Avoidance : 기계에서 정의된 고정장치를 피하는 공구 경로를 생성할지 여부를 지정한다. “아니오”를 선택한다.

⑧ 확인을 클릭한다.

< 면가공 완성 >

7) 스폿 드릴링

① 피처 관리자에서 1 단순 구멍 Ø8. ↧24.을 선택한다.

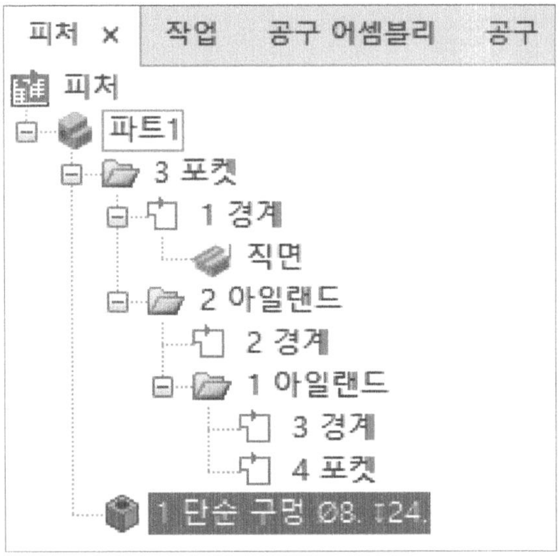

② 밀링 탭에서 드릴링을 클릭한다.

③ "기본값으로"를 클릭하여 설정값을 초기화한다.

④ 일반페이지는 "2D 가공 따라-직면가공" 설명을 참조하여 설정한다.

- 작업 이름 = 스폿 드릴링
- 도구 ID = 센터드릴 3mm
- 절삭속도 RPM = 800
- Z 이송속도 PM = 80

⑤ 구멍 페이지 설정

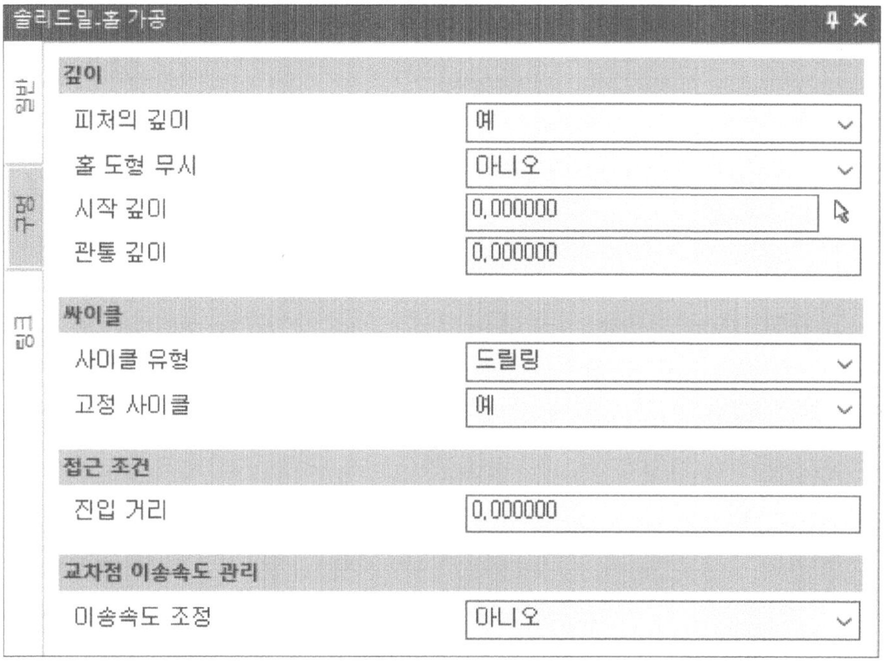

■ 깊이

- 피처의 깊이 : 선택한 피처의 깊이 특성을 사용할지 아니면 깊이를 수동으로 입력할지 선택
- 홀 도형 무시 : 예로 설정하면 공구 형상과 구멍 프로파일 간의 충돌이 무시
- 시작 깊이 : 첫번째 가공 경로가 만들어지는 깊이(위치)를 정한다. 시작 깊이는 피처로부터 계산된다. +값을 입력하는 경우에는 피처의 아래(Z방향) 위치에서 가공이 시작되고, -(음)값을 입력하는 경우에는 피처의 위(Z 방향) 위치에서 가공이 시작된다.
- 관통 깊이 : 깨끗한 가공을 위해 해당 구역에서 원래 지정한 깊이보다 초과하여 가공하게 할 수 있다. 관통 깊이에는 초과하여 가공할 양을 입력한다.
- 챔퍼 직경 사용 : 모따기 지름에 값을 입력할 때 전체 깊이 값을 사용할지 또는 계산된 깊이를 사용할지 선택한다.
- 챔퍼 직경 : 챔퍼 직경 사용이 예로 설정된 경우에만 적용

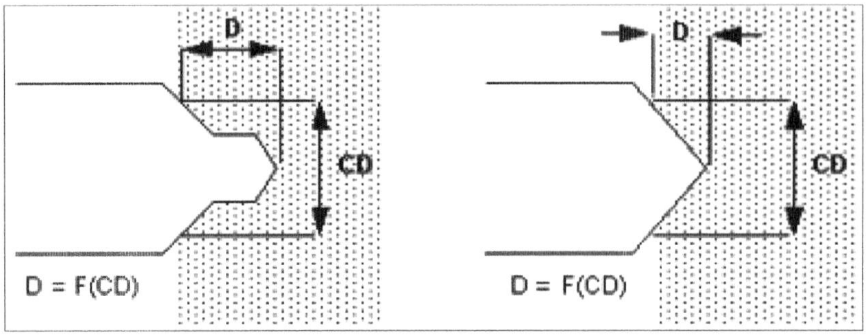

- 팁이 이미 포함됨 : 전체 깊이 값에 드릴의 선단부 길이를 포함할지 여부를 선택한다.
  - 아니요 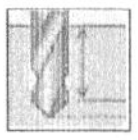 : 드릴의 선단부 길이를 제외한다.
  - 예  : 드릴의 선단부 길이를 포함한다.

■ 싸이클

- 사이클 유형

	드릴링	구멍은 단일 패스로 최종 깊이까지 드릴링한다.
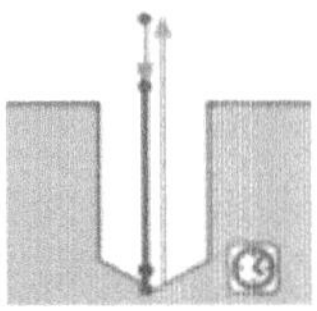	스폿 드릴링	구멍은 최종 깊이에서 실행되는 드웰과 함께 단일 패스로 깊이까지 드릴링한다.
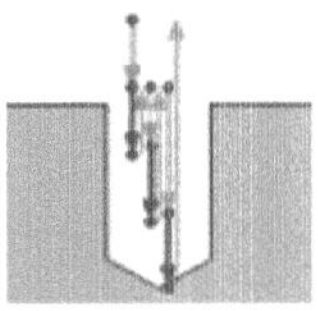	펙드릴	최종깊이에 도달할때까지 증분깊이만큼 드릴링하고 구멍밖으로 급속이송, 다시 펙드릴링을 반복한다.
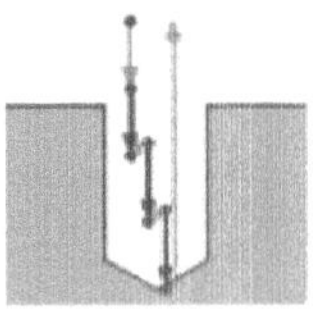	고속 펙드릴	최종깊이까지 증분깊이만큼 펙드릴을 하지만 드릴이 구멍밖으로 이동하지않고 구멍안에서 칩 브레이킹을 실행한다.

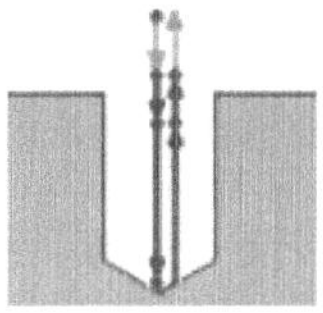	깊은 홀 드릴링	특정 접근 방식으로 깊은 구멍을 뚫고 긴 공구의 안정성을 보장하기 위해 리트랙트 설정을 한다.
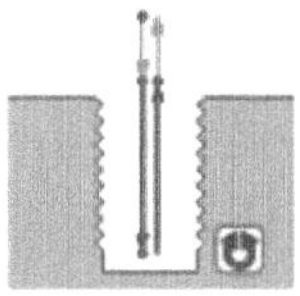	탭핑	태핑 공구는 미리 뚫린 구멍에 나사산을 적용합니다. 공구의 하단 클리어런스 및 각 구멍의 바닥에 드웰을 추가 할 수 있다.
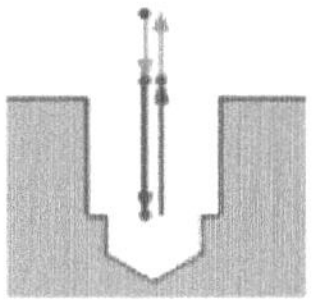	보링(리머)	구멍은 한 번의 패스로 최종 깊이까지 가공한다.
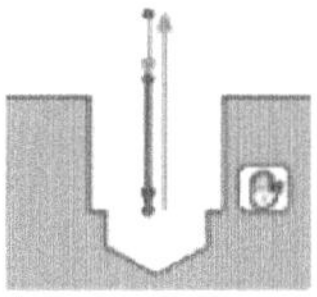	보링	구멍은 한 번의 패스로 최종 깊이까지 뚫고, 공구는 급속이송으로 복귀한다.
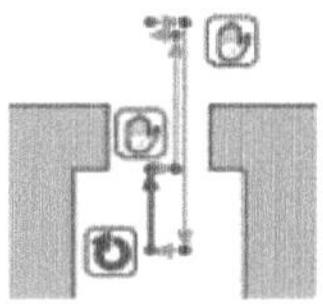	백보링	각도를 지정한 다음 시프트 거리만큼 구멍 축 밖으로 이동하고 피처 시작에 접근한다. 스핀들이 구멍 축으로 다시 이동하고 스핀들 회전이 시작된다. 그런 다음 공구는 보어 깊이, 그 다음에 드웰. 스핀들 회전이 다시 중지되고 스핀들이 스핀들로 돌아간다. 원래 방향은 구멍 축에서 벗어나 빠르게 움직이면서 복귀한다.
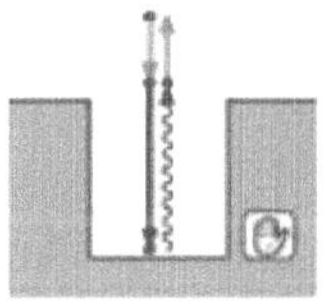	수동보링	구멍은 단일 패스로 최종 깊이까지 천공된 다음 스핀들 회전이 중지된다. 공구가 급속이송으로 복귀하기 전에 M01이 실행된다.
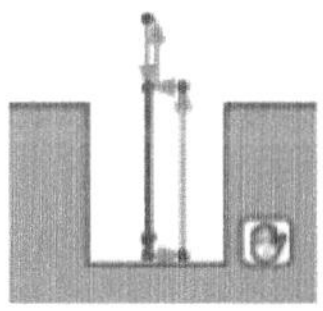	정밀보링	구멍은 단일 패스로 최종 깊이까지 천공된 다음 스핀들 회전이 중지된다. 그 스핀들은 사용자 정의 스핀들 방향 각도로 이동한 다음 구멍 축에서 다음과 같이 이동한다.
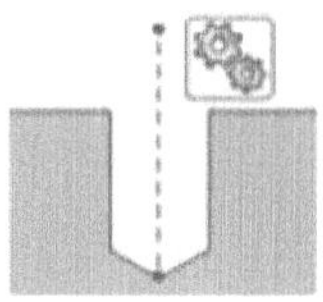	사용자	구멍은 사용자 정의 동작과 이벤트의 조합을 사용하여 드릴링한다.

- 리지드 탭핑 : 탭 작업의 경우 고정 탭 모드를 사용할지 여부를 선택한다.
- 바닥면 여유값 : 태핑 작업의 경우 탭 하단이 구멍 바닥에 닿지 않도록 구멍 하단에 여유 공간을 입력한다.
- 시프트 거리 : 공구가 중심에서 벗어나면 공구의 간격띄우기 거리를 입력한다.
- 스핀들 방향 각 : 스핀들의 방향을 변경할 수 있는 보링 작업의 경우 스핀들의 각도를 입력한다.
- 드웰 초.,회전 : 절삭이 끝날 때 공구가 일시 중지되는 시간(초) 또는 회전수를 입력한다.
- 고정 사이클 : NC 코드가 생성될 때 미리 준비된 사이클을 생성할지 여부를 나타낸다.

■ 접근 조건

- 진입 거리 : 가공 시작 위치의 거리를 입력하여 급속 이송 속도를 적용한다.

■ 교차점 이송속도 관리

- 이송속도 조정
  - 아니요 : 추가 이송 속도 조정을 하지 않는다.
  - 교차점과 통과 : 다른 홀과의 교차점과 드릴이 관통하는 위치에서 이송속도를 조정한다.
  - 교차점 : 다른 홀과의 교차점에서 이송속도를 조정한다.
  - -을 통하여 : 드릴이 관통하는 위치에서 이송속도를 조정한다.

구멍 페이지의 설정값은 아래와 같이 설정하도록 한다.

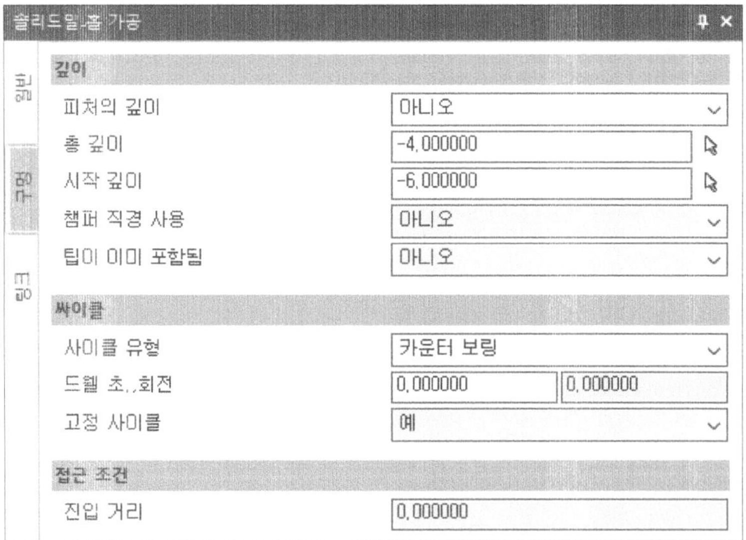

※ 프로그램에서는 스폿 드릴링 사이클 유형이 카운터 보링이라는 이름으로 출력되지만 스폿 드릴링 가공으로 인식하도록 한다.

⑥ 확인을 클릭한다.

8) 구멍 드릴링

① 피처 관리자에서 1 단순 구멍 Ø8. ↧24.을 선택한다.

② 밀링 탭에서 드릴링을 클릭한다.

③ "기본값으로"를 클릭하여 설정값을 초기화한다.

④ 세부 설정 페이지는 "스폿 드릴링" 설명을 참조하여 설정한다.

⑤ 일반 탭에서 :

- 작업 이름 = 드릴링
- 공구 ID = 8mm 드릴
- 절삭속도 RPM = 800
- Z 이송속도 PM = 80

⑥ 구멍 탭에서 :

- 피처의 깊이 = 예
- 시작 깊이 = -4
- 관통 깊이 = 2
- 사이클 유형 = 펙드릴
- 드웰 초.,회전 = 0
- 팩 증분값 = 5

⑦ 확인을 클릭한다.

9) 포켓 정삭

① 피처 관리자에서 포켓 피처를 선택한다.

② 밀링 탭을 클릭하고 포켓을 클릭한다.

③ "기본값으로"를 클릭한다.

④ 일반페이지는 "2D 가공 따라-직면가공" 설명을 참조하여 아래와 같이 설정한다.

일반 페이지의 설정값은 아래와 같이 설정하도록 한다.

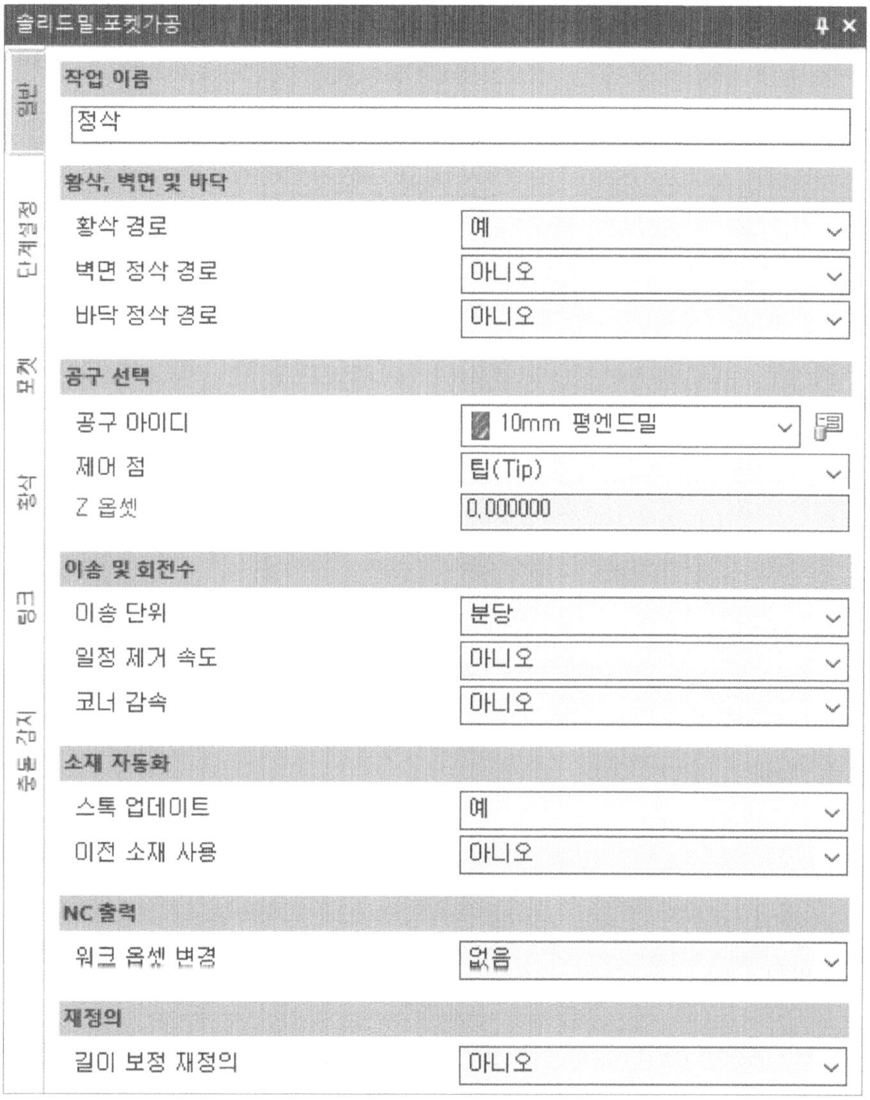

⑤ 단계설정 페이지 설정

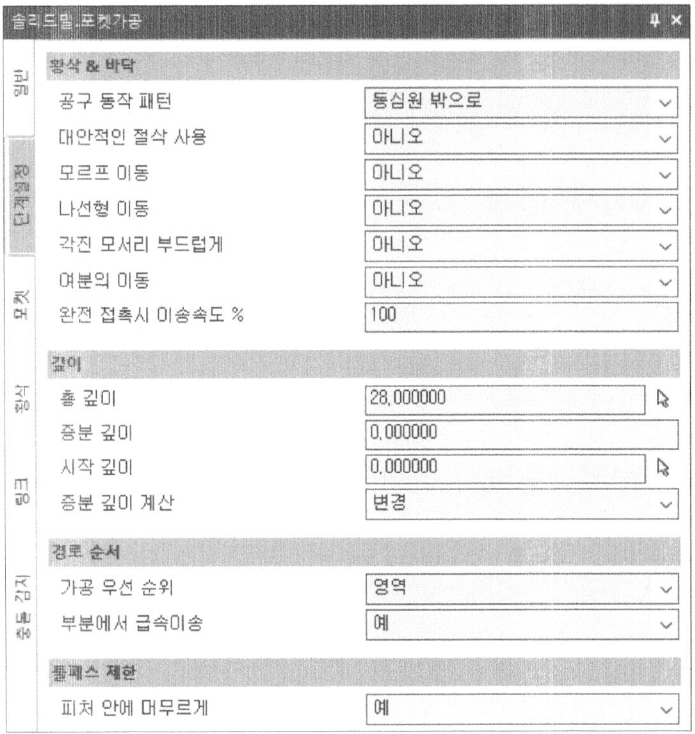

■ 황삭 & 바닥

- 공구 동작 패턴

  - 동심원 안으로  : 바깥에서 안쪽으로 진행하는 동심원 형태의 가공 경로를 만든다.
  - 동심원 밖으로 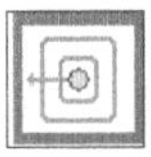 : 안쪽에서 바깥으로 진행하는 동심원 형태의 가공 경로를 만든다.
  - 한 방향 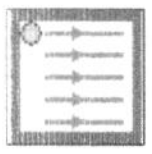 : 한 방향으로만 가공 경로를 만든다. 다음 가공 경로를 가공하는 경우에는 급속 이송으로 위치 변경을 한다.
  - 지그재그  : 상향 절삭과 하향 절삭이 교차하는 양방향 가공 경로를 만든다.
  - 트로코이드  : 나선형 및 적응형 공구 동작을 사용하여 트로코이드 절삭 가공 패스를 생성

- ProfitMilling  : 사이클 시간을 단축, 공구 수명을 연장에 고도로 최적화된 공구 경로를 생성한다.

- 대안적인 절삭 사용 : 앞뒤 절삭 가공 패스를 생성할지 여부를 나타내며 보정이 꺼져 있는 경우에만 적용된다.
- 모르프 이동 : 공구 동작 패턴이 동심원 안으로/밖으로 인 경우에만 적용할 수 있다. 바깥쪽과 안쪽의 형상을 조합한 가공 경로를 만들어 낸다.
    - 예 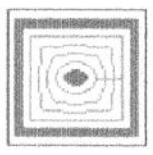 : 안쪽의 형상과 바깥쪽의 형상이 서로 결합되는 형태의 몰프 가공 경로를 만든다.
    - 아니오 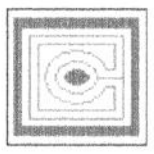 : 일반적인 오프셋 형태의 가공 경로를 만든다.
- 나선형 이동 : 공구 동작 패턴이 동심원 안으로/밖으로 인 경우에만 적용할 수 있다.
    - 예 : 측면으로 만들어지는 가공 경로를 직선으로 연결하는 것이 아닌 연속적인 나선형 가공 경로로 연결한다.

일반적인 동심원 패턴에 적용	모르프 동작과 결합하는 경우
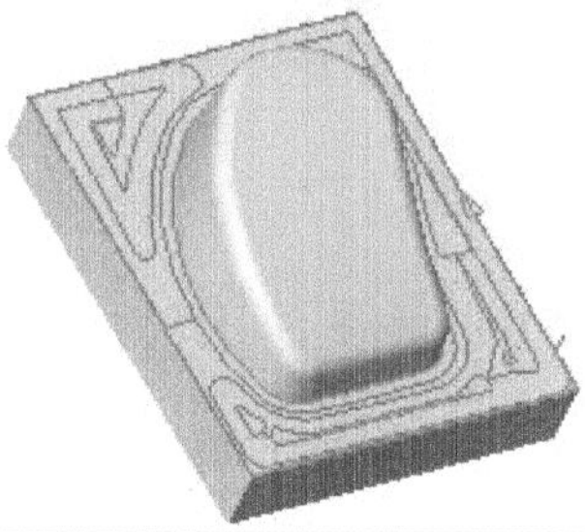	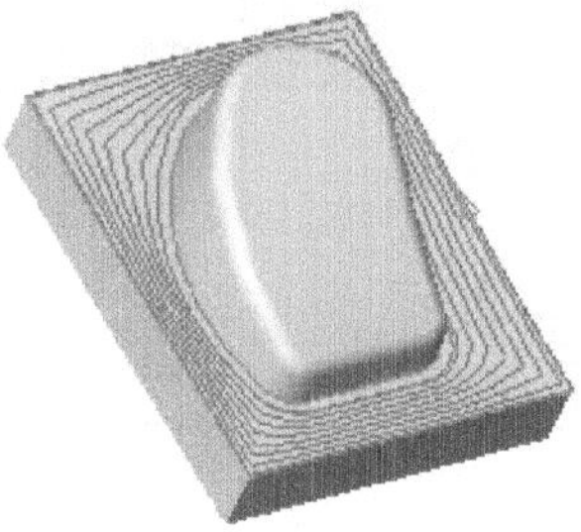

- 아니오 : 날카로운 연결 경로가 여러 곳에 만들어진다.

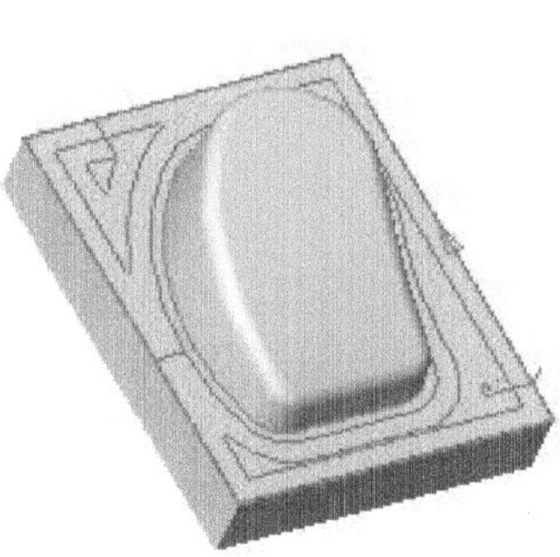

- 각진 모서리 부드럽게 : 공구동작 패턴이 '지그재그'나 '동심원 안으로', '동심원 밖으로' 선택 할 시 활성화 된다.
- 여분의 이동 : 공구 동작 패턴이 동심원 안으로/밖으로 인 경우에만 적용할 수 있다. 가공 경로의 형태로 인해 부분적으로 만들어지는 미가공 구역을 제거하는 가공 경로를 만들 수 있다.
    - 예 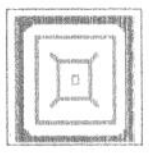 : 미가공 구역을 제거하는 가공 경로를 만든다.
    - 아니오  : 미가공 구역을 제거하지 않고 나둔다.
    - 최소 스텝오버  : 코너 각도가 100도보다 작거나 같거나 경로의 폭이 스텝오버 값보다 큰 영역에서 추가 이동을 작성
- 완전 접촉시 이송속도 % : 공구가 완전히 맞물렸을 때 사용되는 이송 속도의 백분율을 입력한다. 예를 들어, 75를 입력하면 공구가 완전히 맞물렸을 때 전체 이송 속도의 75%로 절삭 이송한다.

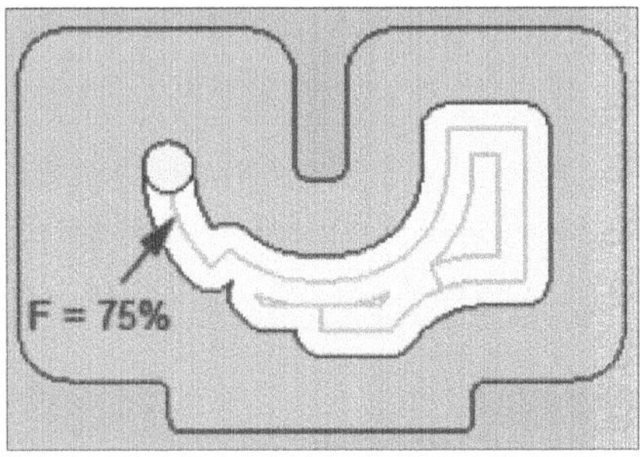

■ 깊이 : "직면가공-단계 설정" 페이지를 참고한다.

■ 경로 순서

- 가공 우선 순위 : "직면가공-링크" 페이지를 참고한다.
- 부분에서 급속이송 : 위치 변경 속도를 피드 이송값으로 할지 급속 이송값으로 할지 선택한다.

단계설정 페이지의 설정값은 아래와 같이 설정하도록 한다.

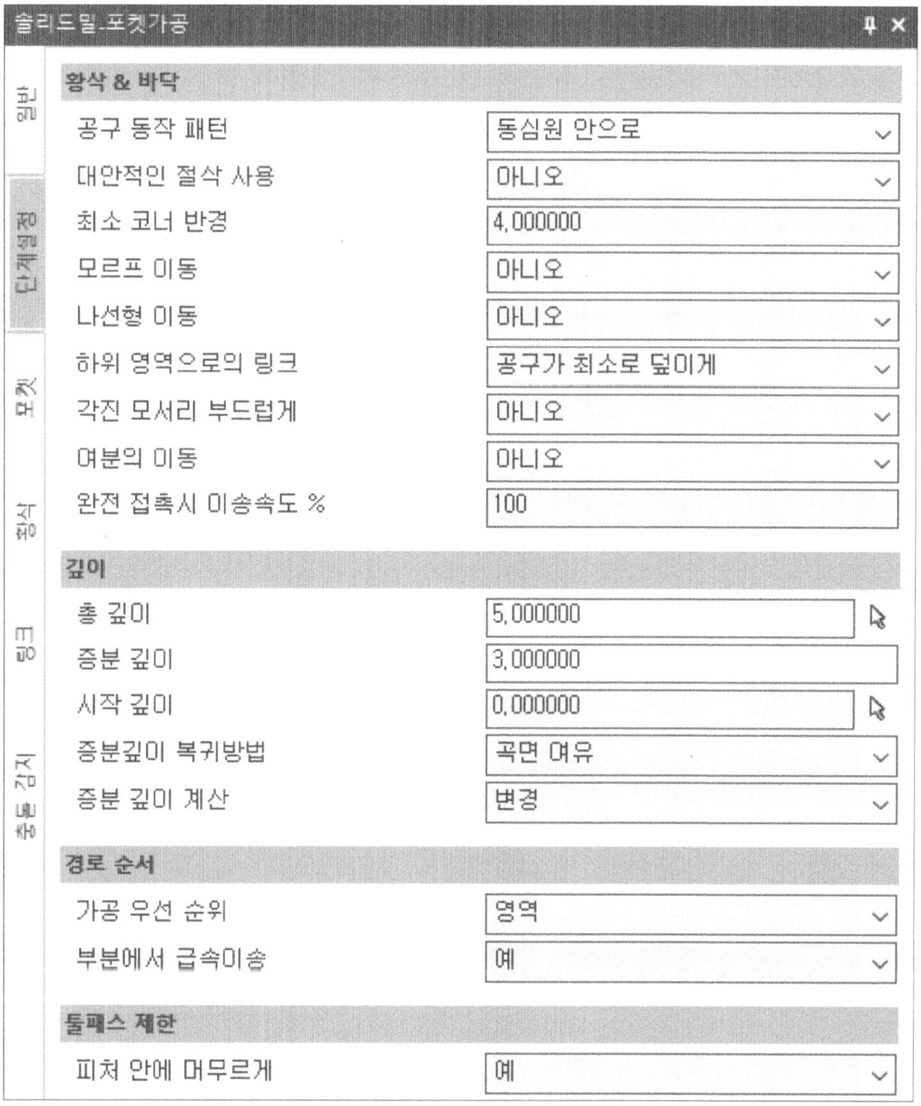

⑥ 포켓 페이지 설정

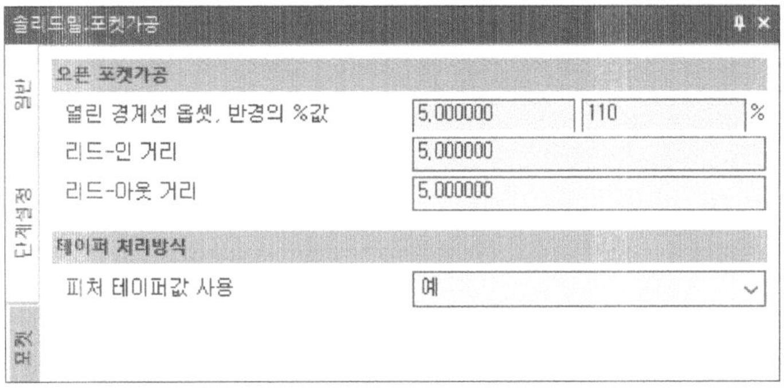

■ 오픈 포켓가공

- 열린 경계선 옵셋, 반경의 %값

  : 이 설정은 공구가 피처의 열린 경계 밖으로 이동할 수 있는 거리를 제어한다. 거리값을 입력하거나 공구 반지름의 백분율로 표현할 수 있다.

- 리드-인/아웃 거리는 “직면가공-링크” 페이지를 참고한다.

■ 테이퍼 처리방식

- 피처 테이퍼값 사용

  ‣ 예 : 공구 경로는 작업에 사용되는 각 피처의 구배 각도에 맞게 자동으로 조정

  ‣ 아니오 : 공구 경로는 피처의 실제 구배 각도를 고려하지 않고 '테이퍼 벽 각도' 및 '테이퍼 아일랜드 각도' 값을 모든 피처에 적용한다.

포켓 페이지의 설정값은 “기본값”으로 설정하도록 한다.

⑦ 황삭 페이지 설정

■ 이송 및 회전수 : “직면가공-일반 설정” 페이지를 참고한다.

■ 단계설정

- 절삭 단계 설정

  ‣ 하향  : 하향 절삭으로 가공한다.

  ‣ 상향  : 상향 절삭으로 가공한다.

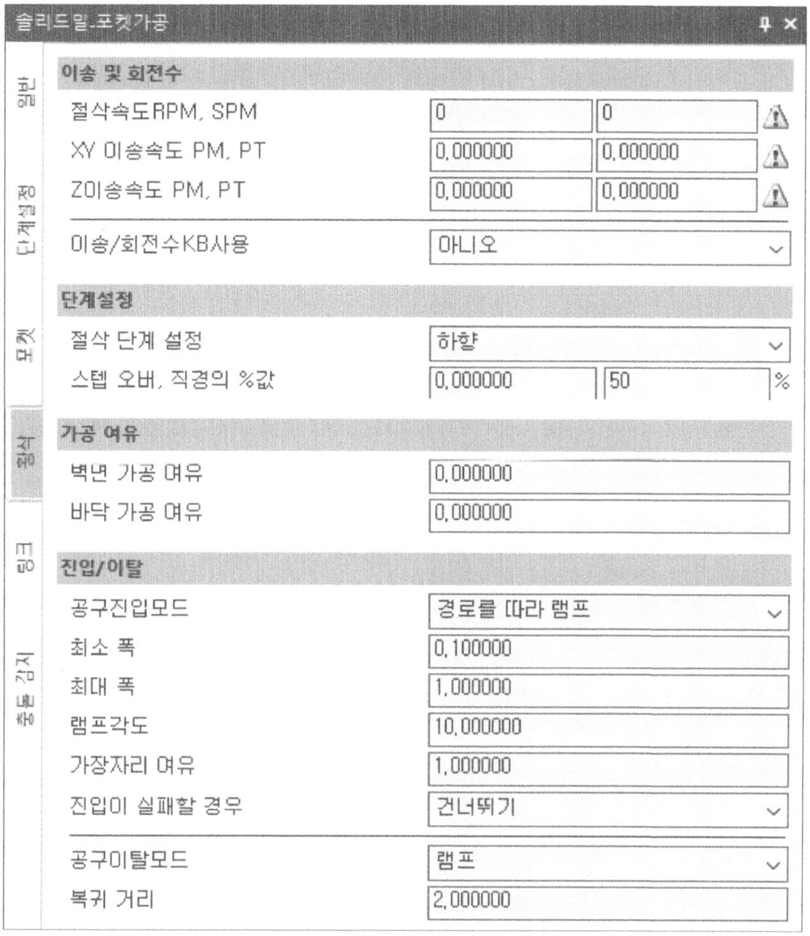

■ 가공 여유 : "직면가공-툴패스 설정" 페이지를 참고한다.

■ 진입/이탈

- 공구진입모드

  ‣ 플런지  : Z 방향으로 공구가 수직으로 진입한다.

  ‣ 경로를 따라 램프  : 가공 경로의 첫번째 요소에 평행하게 경사 방향으로 공구가 진입한다. 가공 깊이와 폭에 따라 경사 방향으로 지그재그 움직임을 계속한다.

  ‣ 최대 폭/최소 폭 : 공구 진입 시 적용할 수 있는 램프의 최대/최소 폭을 결정한다.

▸ 램프각도 : 경사진입 시 적용할 각도를 입력한다.

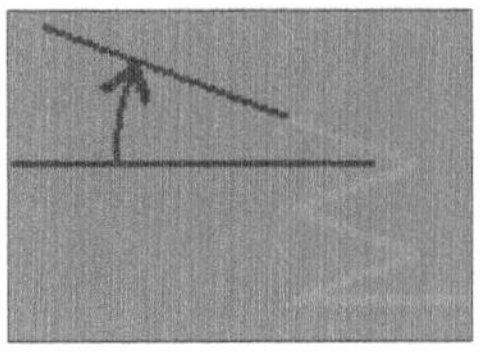

▸ 점에서 플런지  : 선택한 포인트(점)로 공구가 수직으로 진입한다.

▸ 점에서 헬리컬  : 점에서 플런지와 동일하다. 선택한 포인트(점)로 나선형태로 공구 진입을 만든다.

▸ 램프 포함  : 경로를 따라 램프와 유사하지만, 초기 진입 동작이 가공 경로 요소와 평행하지 않는다. '가장자리 여유'값이 적용된다.

▸ 헬리컬 포함  : 점에서 헬리컬과 유사하지만, '가장자리 여유'값이 적용된다.

- 최대 반경 / 최소 반경 : 헬리컬 진입 시, 적용 시킬 최대 반경값과 최소 반경값을 입력한다. 헬리컬은 최대값과 최소값의 범위 내에서 나선을 만든다.
- 헬리컬 각도 : 램프 진입에서처럼 나선이 만들어지는 경사 각도를 입력한다.
- 가장자리 여유 : 가공하지 말아야 할 아일랜드나 벽면 부위로부터의 진입 시에 적용할 안전 여유 값을 입력한다. 입력한 값만큼 측면으로 벗어난 가공 경로가 만들어진다.
- 진입이 실패할 경우 : 설정한 가공 진입 방법이 적용되지 못하는 구역에 대한 처리 방법을 결정한다.

  ▸ 건너뛰기 : 선택한 진입 방법이 적용되지 못하는 구역을 가공하지 않는다.

  ▸ 플런지 : 선택한 진입 방법이 적용되지 못하는 구역은 플런지 방식으로 가공을 시작한다.
- 나선형 확장 : 'common' 페이지의 '공구 동작 패턴'이 '동심 밖으로'인 경우에 공구 진입 모드가 '점에서 플런지', '점에서 나선'인 경우에만 선택할 수 있다. 포켓 형상을 어떤 식으로 가공할 것인지를 결정하며 고속 가공에서 공구의 마모가 문제되는 경우

  ▸ 아니오 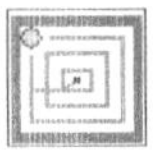 : 연속적인 동심원 스타일의 경로가 만들어지지 않는다.

- 부분  : 나선형 경로와 동심원 형상의 경로가 가공 구역의 형상을 고려하여 만들어진다.
- 전체  : 전체 영역에 대하여 연속적인 나선형 형태의 가공 경로를 만든다.

황삭 페이지의 설정값은 기본값으로 설정하도록 한다.

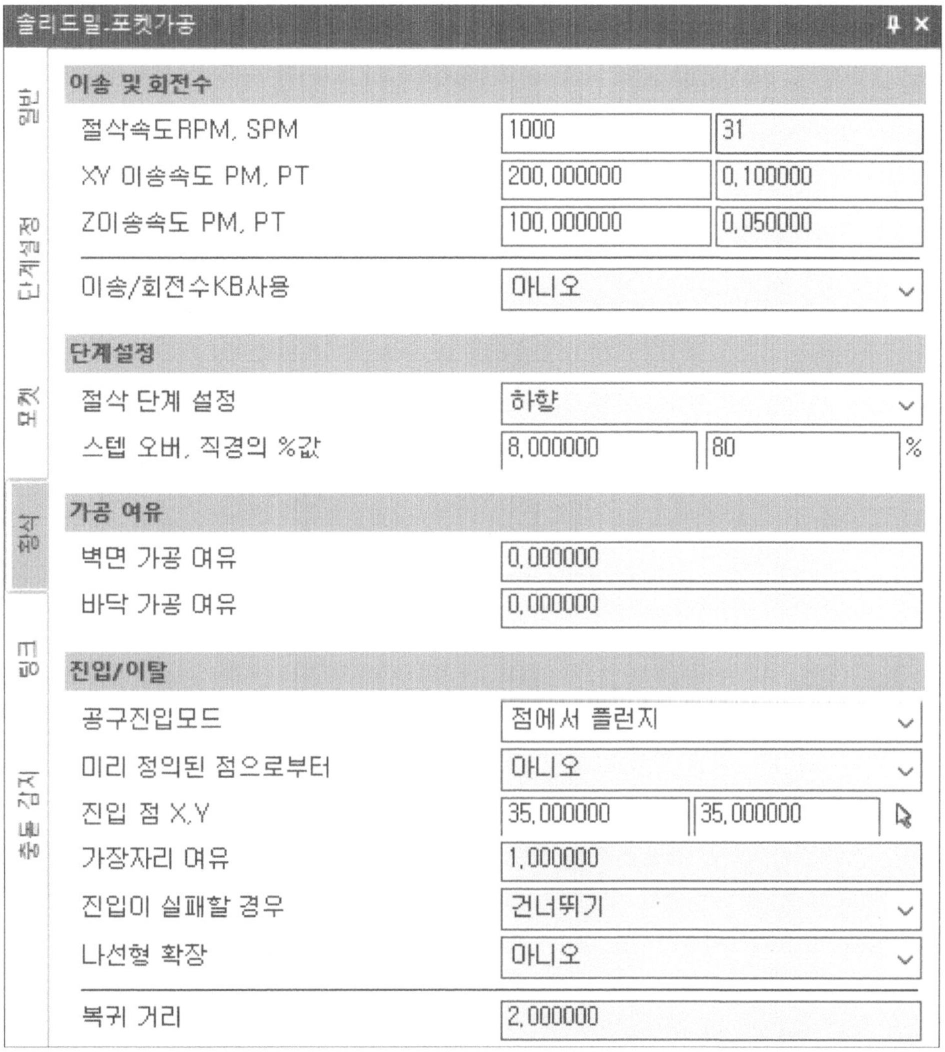

⑧ 링크 페이지 설정

황삭 페이지의 설정값은 기본값으로 설정하도록 한다.

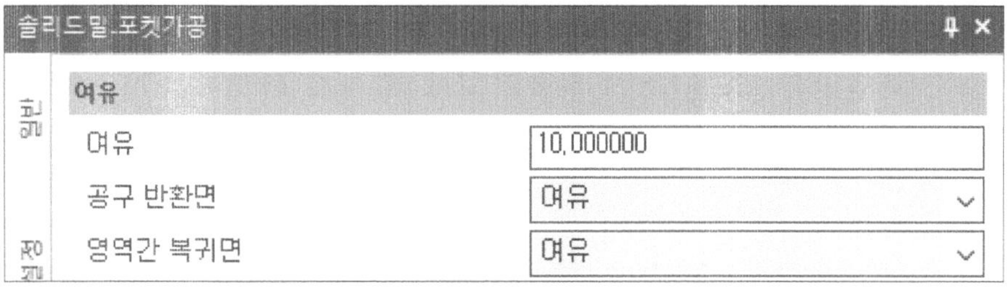

⑨ 확인을 클릭한다.

10) 시뮬레이션

시뮬레이션 탭에서 실행 버튼을 눌러 시뮬레이션을 확인한다.

시뮬레이션 도중에 보이는 머신을 보이게 하거나 숨길 수 있으며, 각종 고정구나 지그 등을 숨길 수도 있다. 또한 시뮬레이션 툴바에 있는 홀더 표시 버튼을 누르면 시뮬레이션 도중에 홀더를 보이게 하거나 숨길 수 있다. 또한, 시뮬레이션 중에는 화면을 회전시키거나 확대/축소 시키는 것이 가능하다.

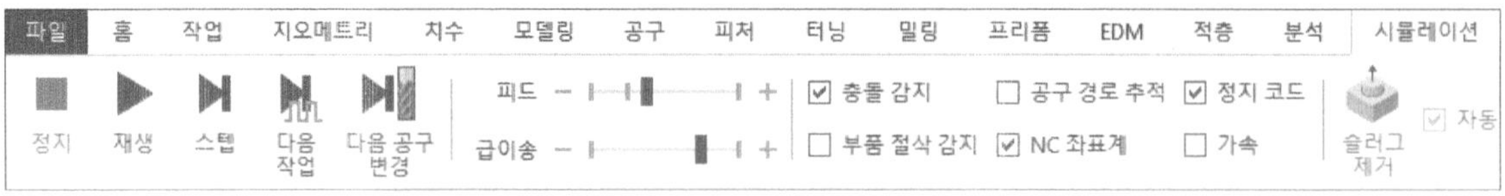

4.2 2D 가공 따라하기 2

드릴링, 포켓가공을 이용하여 3D 모델링 가공에 필요한 NC데이터를 생성한다.

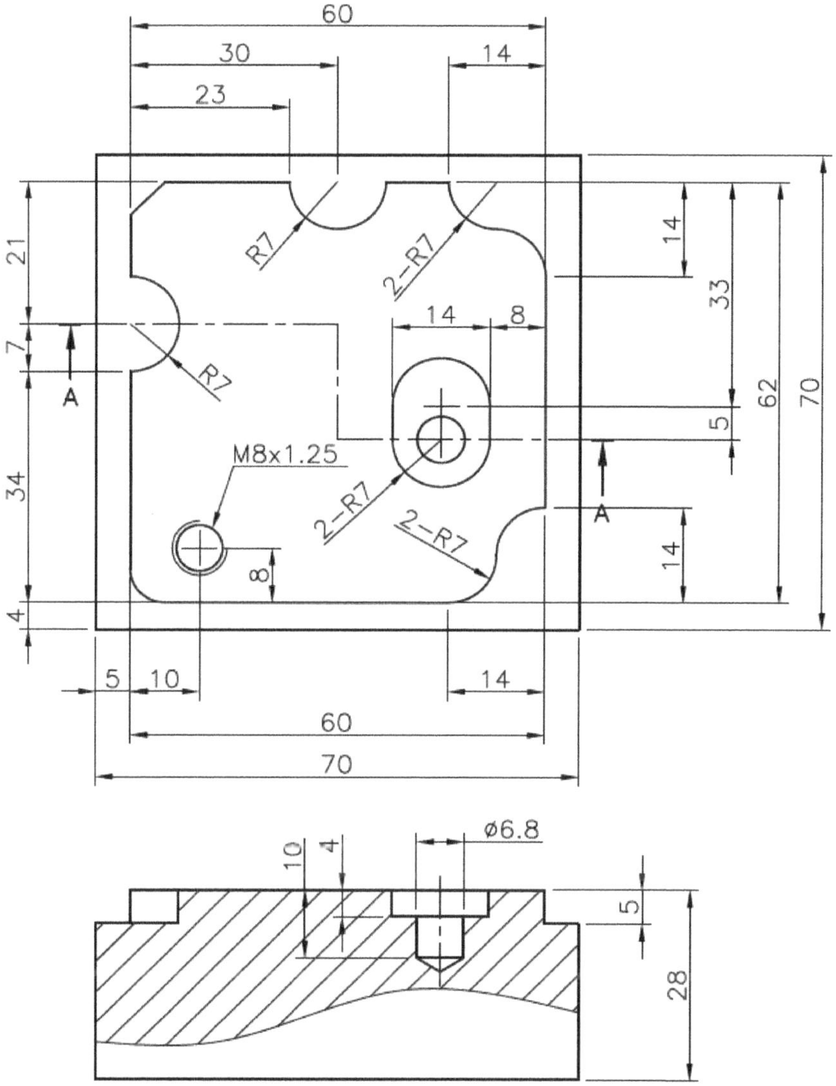

단면 A-A'

주서

1. 도시되고 지시없는 모따기 및 라운드 C4, R6
2. 일반 모따기 C0.2~0.3
3. 나사 탭 M8x1.25 관통

출처 : 큐넷

(1) 부품 가져오기

① 파일 → 가져오기를 클릭하여 부품 파일을 가져온다.

② 포켓의 세부 정보를 볼 수 있도록 모델을 회전한다. (Control+마우스 휠)

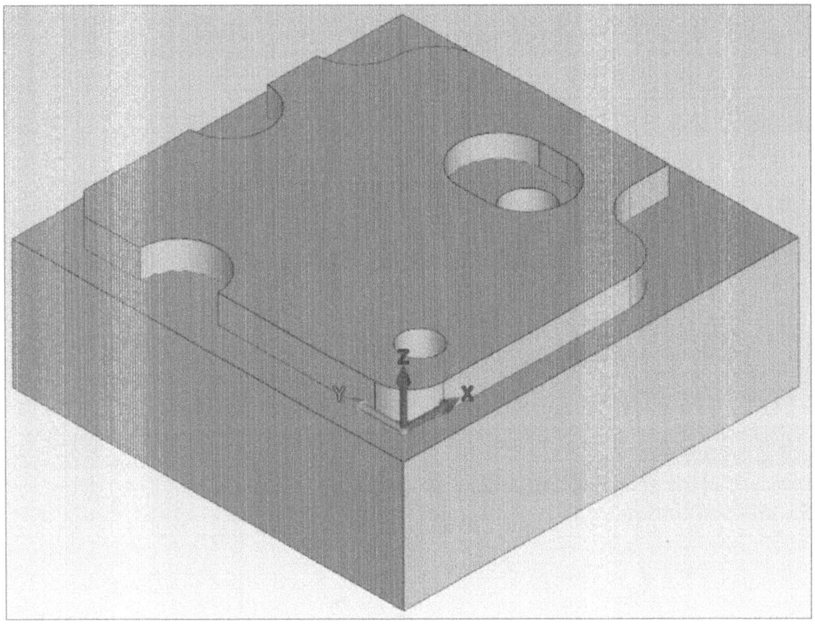

(2) 밀링 작업을 위한 스톡

① 피처 관리자에서 "파트1"이라는 개체를 확인한다.

② "파트1"을 선택하고 마우스 우클릭하여 편집파트를 선택한다.

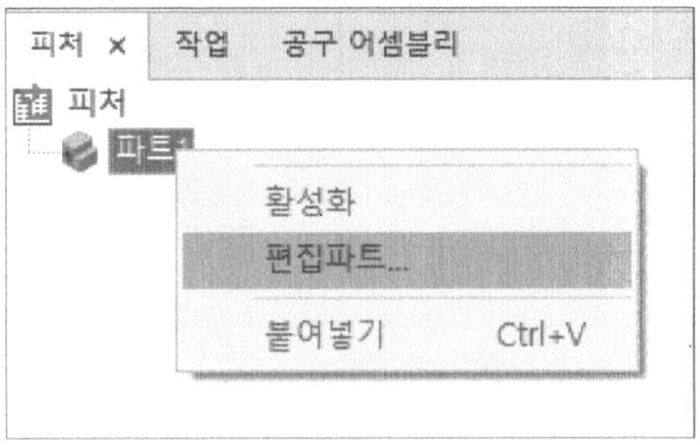

③ 파트 셋업 창에서 "파트1"을 더블 클릭하고 솔리드 모델을 선택하여 지오메트리에 솔리드를 추가한다.

④ 확인을 클릭하여 부품을 업데이트한다.

⑤ 블록을 클릭하여 스톡 모델을 자동 크기 블록으로 생성한다.

⑥ 높이(Z)를 아래 정렬로 설정하고 높이를 30으로 변경하여 모델 상단에서 2mm를 증가시킨 스톡을 추가한다.

⑦ 확인을 클릭하여 스톡을 추가한 다음 확인을 다시 클릭하여 부품 설정을 닫는다.

(3) 홀 피처 생성

① 피처 탭에서 홀을 클릭한다.

② 아래와 같이 설정한다.

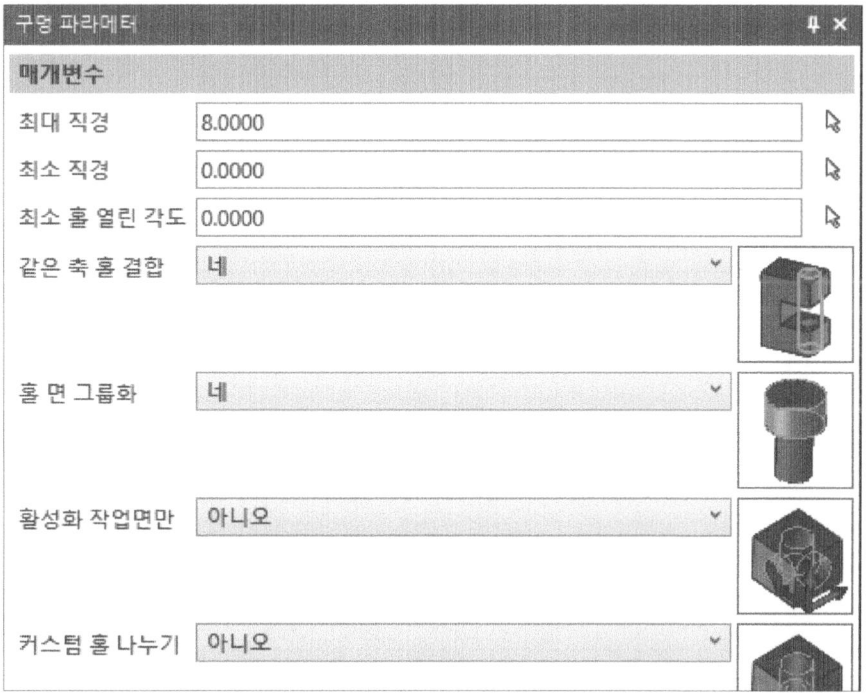

③ 솔리드 모델을 선택하고 확인을 클릭한다.

④ 피처 관리자에서 홀 피처가 생성된 것을 확인할 수 있다.
* 구멍 피처가 자동으로 생성되고 구멍 유형, 지름, 및 깊이에 따라 이름이 지정된다.

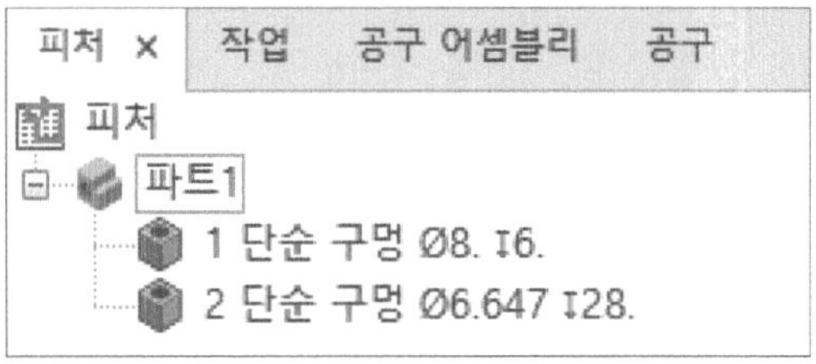

⑤ M8 탭의 드릴 구멍은 Ø6.8 드릴을 사용하기위해 "2 단순 구멍 Ø6.647 ↧28."을 더블 클릭하여 구멍 직경을 6.8로 수정한다.

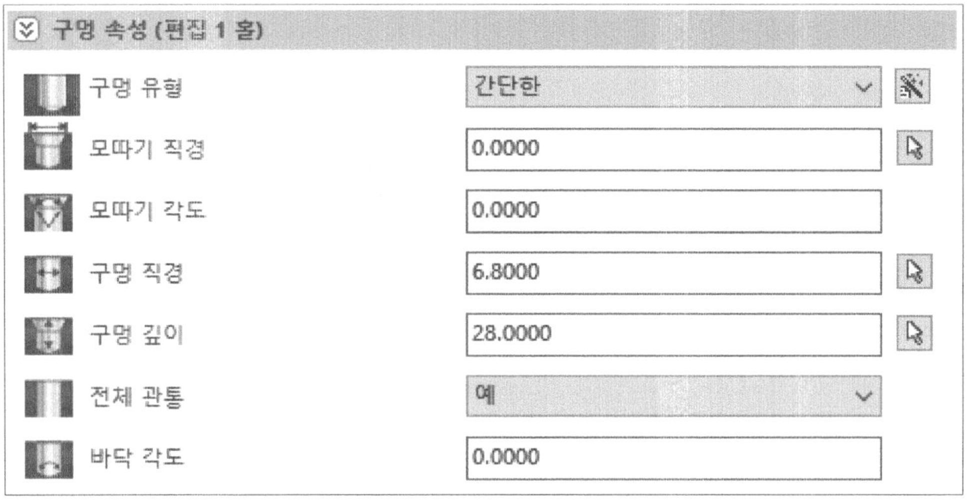

(4) 포켓 피처 생성

① CTRL + A를 눌러 솔리드 모델을 선택한다.

② 피처 탭에서 포켓을 클릭한다.

③ 포켓 피처가 작성되고 활성 부품과 연결된다.

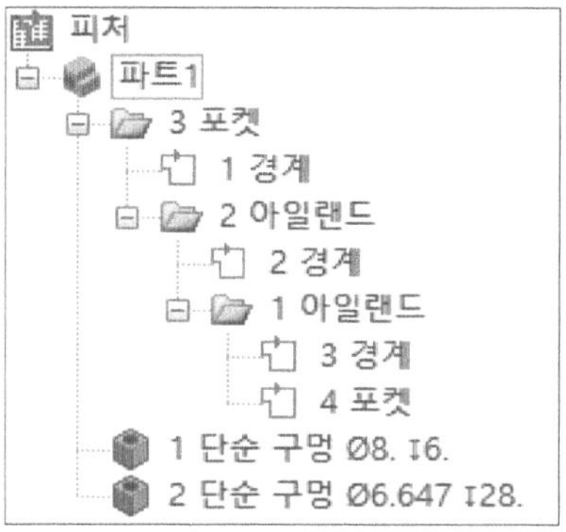

(5) 밀링 머신 설정

앞에서 학습한대로 머신, 고정구 공작물등을 설정한다.

(6) 공구 장착

이번 가공 공정에서는 페이스 밀, 앤드밀, 드릴 및 탭이 필요하다. 공구 관리자에서 아래의 공구를 생성하도록 한다.

- T01 : Ø80 페이스밀
- T02 : Ø10 평엔드밀
- T03 : Ø3 센터드릴
- T04 : Ø6.8 드릴
- T05 : Ø8 드릴
- T06 : M8x1.25 탭

(7) 직면 가공

① 피처 관리자에서 포켓 피처 내부의 경계1을 선택한다.

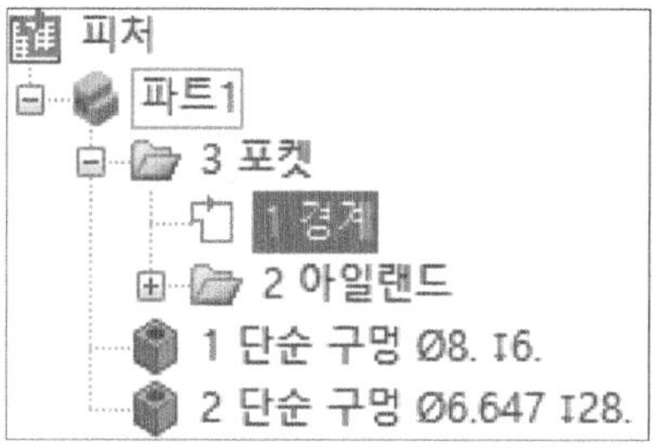

② 밀링 탭에서 면 가공을 선택한다.

③ “기본값으로”를 클릭하여 설정값을 초기화한다.

④ 일반 탭에서:

- 작업 이름 = 직면
- 공구 ID = 80mm 페이스밀
- 절삭속도 RPM = 800
- XY 이송속도 PM = 200
- Z 이송속도 PM = 100

⑤ 단계설정 탭에서 :

- 증분 깊이 = 1
  (여유면이 2mm 이므로 2번에 걸쳐 절삭한다.)

⑥ 확인을 클릭한다.

(8) 스폿 드릴

① 피처 관리자에서 “1 단순 구멍 Ø8. ↧6.”을 선택한다.

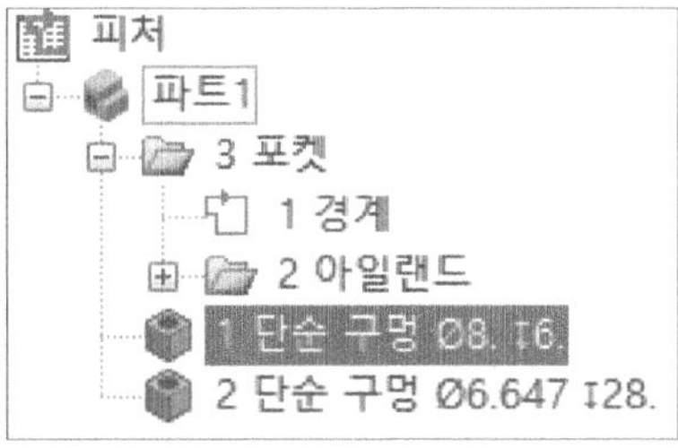

② 밀링 탭에서 드릴링을 클릭한다.

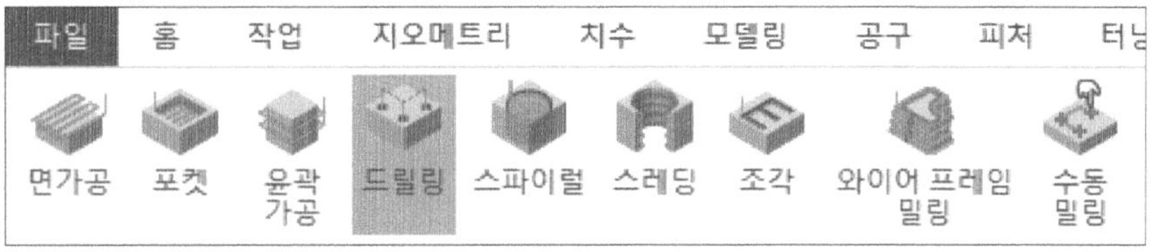

③ “기본값으로”를 클릭하여 설정값을 초기화한다.

④ 일반 탭에서:

- 작업 이름 = 스폿 드릴링
- 공구 ID = 센터드릴 3mm
- 절삭속도 RPM = 800
- Z 이송속도 PM = 80

⑤ 구멍 탭에서:

- 피처의 깊이 = 아니요
- 총 깊이 = -4
- 시작 깊이 = -4
- 사이클 유형 = 드릴링

⑥ 확인을 클릭한다.

⑦ 피처 관리자에서 "1 단순 구멍 Ø6.647. ↧28."을 선택한다.

⑧ 밀링 탭에서 드릴링을 클릭한다.

⑨ "기본값으로"를 클릭하여 설정값을 초기화한다.

⑩ 일반 탭에서:

- 작업 이름 = 스폿 드릴링
- 공구 ID = 센터드릴 3mm
- 절삭속도 RPM = 800
- Z 이송속도 PM = 80

⑪ 구멍 탭에서:

- 피처의 깊이 = 아니요
- 총 깊이 = 0
- 시작 깊이 = 0
- 사이클 유형 = 드릴링

⑫ 확인을 클릭한다.

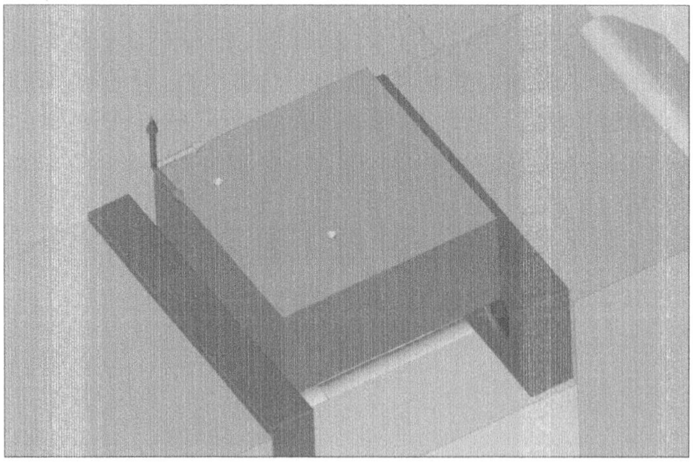

(9) 구멍 드릴

① 피처 관리자에서 "1 단순 구멍 Ø8. ↧6."을 선택한다.

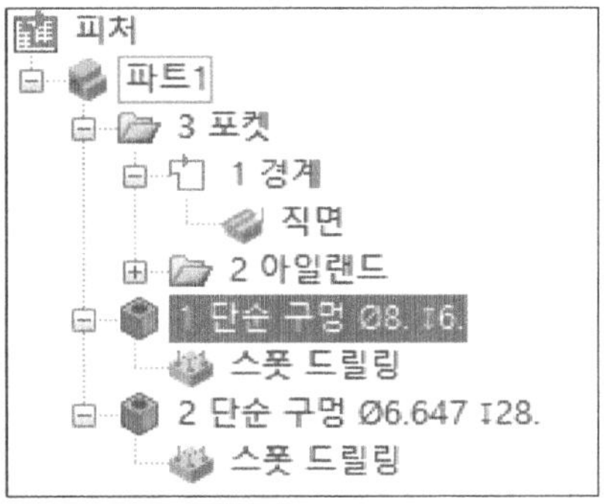

② 밀링 탭에서 드릴링을 클릭한다.

③ "기본값으로"를 클릭하여 설정값을 초기화한다.

④ 일반 탭에서:

- 작업 이름 = 드릴링
- 공구 ID = 8mm 드릴
- 절삭속도 RPM = 800
- Z 이송속도 PM = 80

⑤ 구멍 탭에서:

- 피처의 깊이 = 예
- 시작 깊이 = -3
- 관통 깊이 = 0
- 사이클 유형 = 드릴링
- 드웰 초.,회전 = 0
- 팩 증분값 = 3

⑥ 확인을 클릭한다.

⑦ 피처 관리자에서 "1 단순 구멍 Ø6.647. ↧28."을 선택한다.

⑧ 밀링 탭에서 드릴링을 클릭한다.

⑨ "기본값으로"를 클릭하여 설정값을 초기화한다.

⑩ 일반 탭에서:

- 작업 이름 = 드릴링
- 공구 ID = 8mm 드릴
- 절삭속도 RPM = 800
- Z 이송속도 PM = 80

⑪ 구멍 탭에서:

- 피처의 깊이 = 예
- 시작 깊이 = -3
- 관통 깊이 = 0
- 사이클 유형 = 펙드릴
- 드웰 초.,회전 = 0
- 팩 증분값 = 4

⑫ 확인을 클릭한다.

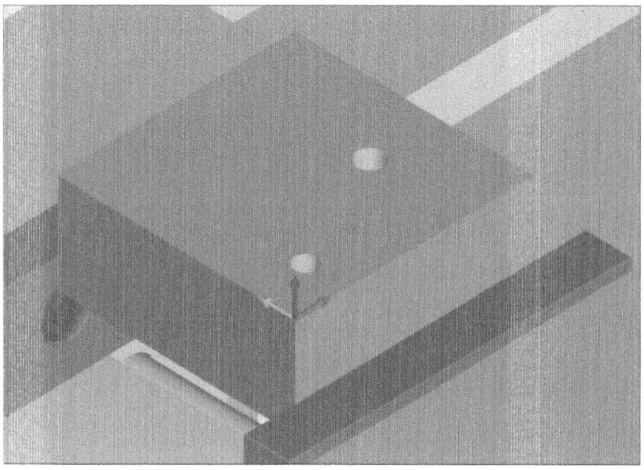

(10) 포켓 정삭

① 피처 관리자에서 포켓 피처를 선택한다.

② 밀링 탭을 클릭하고 포켓을 클릭한다.

③ 모두 기본값을 클릭한다.

④ 일반 탭에서:

- 작업 이름 = 정삭
- 공구 ID = 10mm 평엔드밀
- 스톡 업데이트 = 예

⑤ 단계설정 탭에서:

- 공구 동작 패턴 = 동심원 안으로
- 총 깊이 = 5
- 증분 깊이 = 3

⑥ 포켓 탭에서:

- 리드-인 거리 = 0

⑦ 황삭 탭에서:

- 절삭속도 RPM = 1000
- XY 이동속도 PM = 200
- Z 이송속도 PM = 100
- 스텝 오버, 직경의 %값 = 8
- 공구진입모드 = 점에서 플런지
- 진입 점 X,Y = 35,35 (마우스커서 아이콘으로 화면상의 점 선택)

⑧ 확인을 클릭한다.

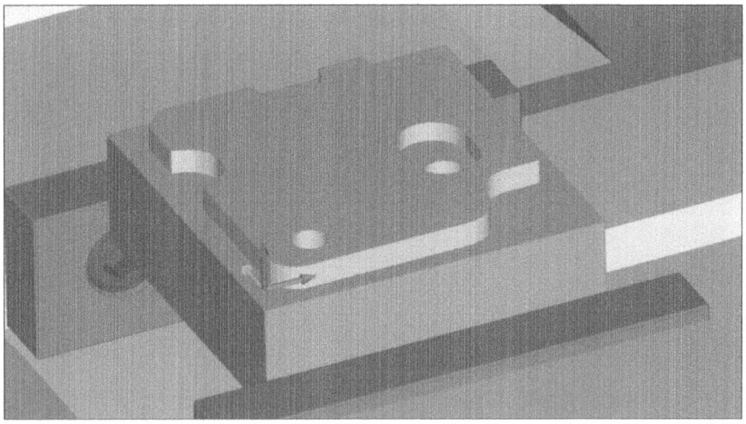

(11) 탭 가공

① 피처 관리자에서 "2 단순 구멍 Ø6.647 ↧28."을 선택한다.

② 밀링 탭을 클릭하고 드릴링을 클릭한다.

③ 모두 기본값을 클릭한다.

④ 일반 탭에서:

- 작업 이름 = 정삭
- 공구 ID = M8 x 1.25 TAP
- 절삭속도 RPM = 200
- Z 이송속도 PM = 자동계산(250)
- 스톡 업데이트 = 예

⑤ 구멍 탭에서:

- 피처의 깊이 = 아니오
- 총 깊이 = 30
- 시작 깊이 = 0
- 팁이 이미 포함됨 = 예
- 사이클 유형 = 태핑
- 리지드 태핑 = 아니오
- 드웰 초.,회전 = 0
- 고정 사이클 = 예
- 팩 증분값 = 5

⑥ 확인을 클릭한다.

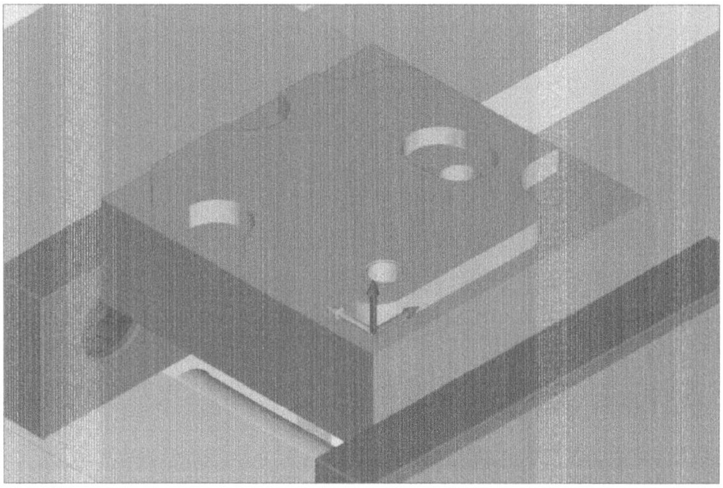

(12) 시뮬레이션

시뮬레이션 탭에서 실행 버튼을 눌러 시뮬레이션을 확인한다.

시뮬레이션 도중에 보이는 머신을 보이게 하거나 숨길 수 있으며, 각종 고정구나 지그 등을 숨길 수도 있다. 또한 시뮬레이션 툴바에 있는 홀더 표시 버튼을 누르면 시뮬레이션 도중에 홀더를 보이게 하거나 숨길 수 있다. 또한, 시뮬레이션 중에는 화면을 회전시키거나 확대/축소 시키는 것이 가능하다.

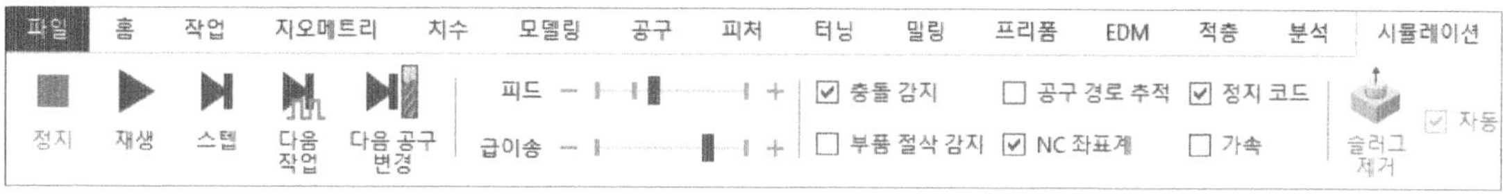

(13) NC 코드 출력

① 화면 상단의 NC 코드 툴바를 선택한다.

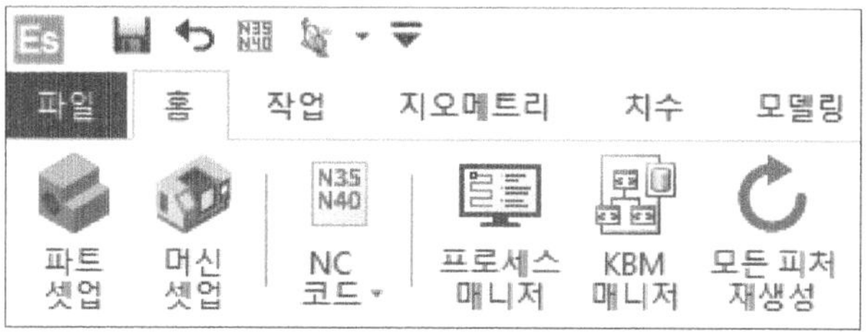

② 포스트 프로세서 파일 찾아보기 아이콘을 클릭한다.

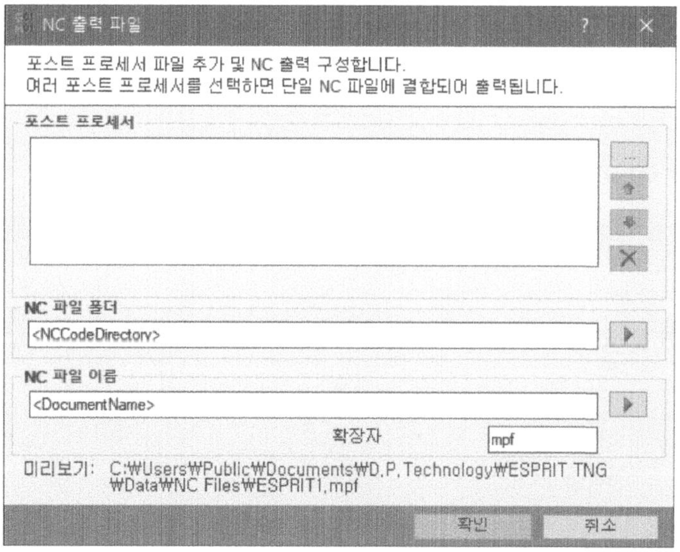

☑ 포스트 프로세서(*.asc) 파일의 기본 위치

...\Users\Public\Documents\D.P.Technology\ESPRIT TNG\Data\Post

③ 밀링 머신에 맞는 포스트 프로세서 파일을 선택하여 가져온다.

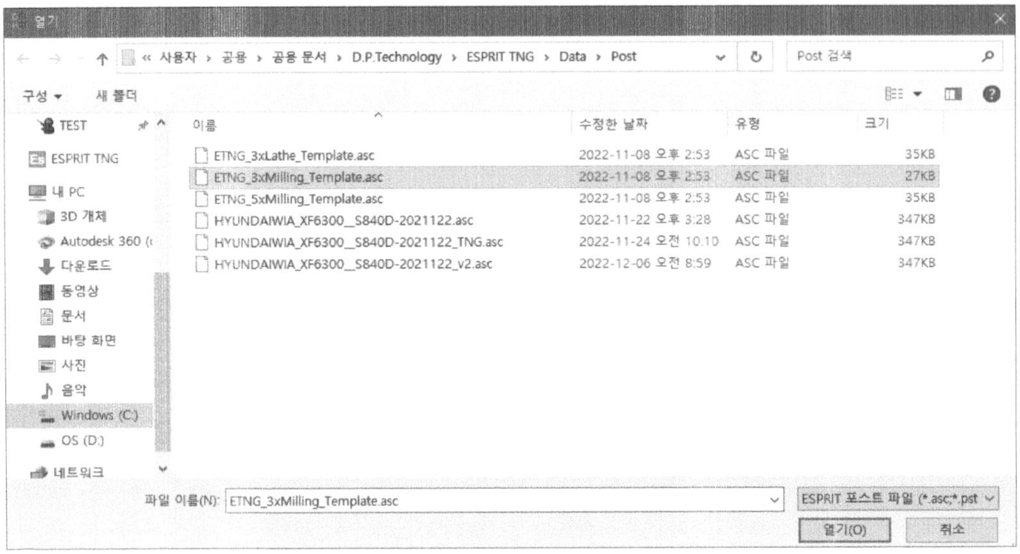

④ NC 파일을 저장할 폴더와 이름을 각각 입력하고 확인을 누른다.

⑤ 포스트 아이콘을 클릭하여 NC 파일을 출력하고 NC데이터가 이상이 없는지 확인한다.

4.3 연습도면

(1)

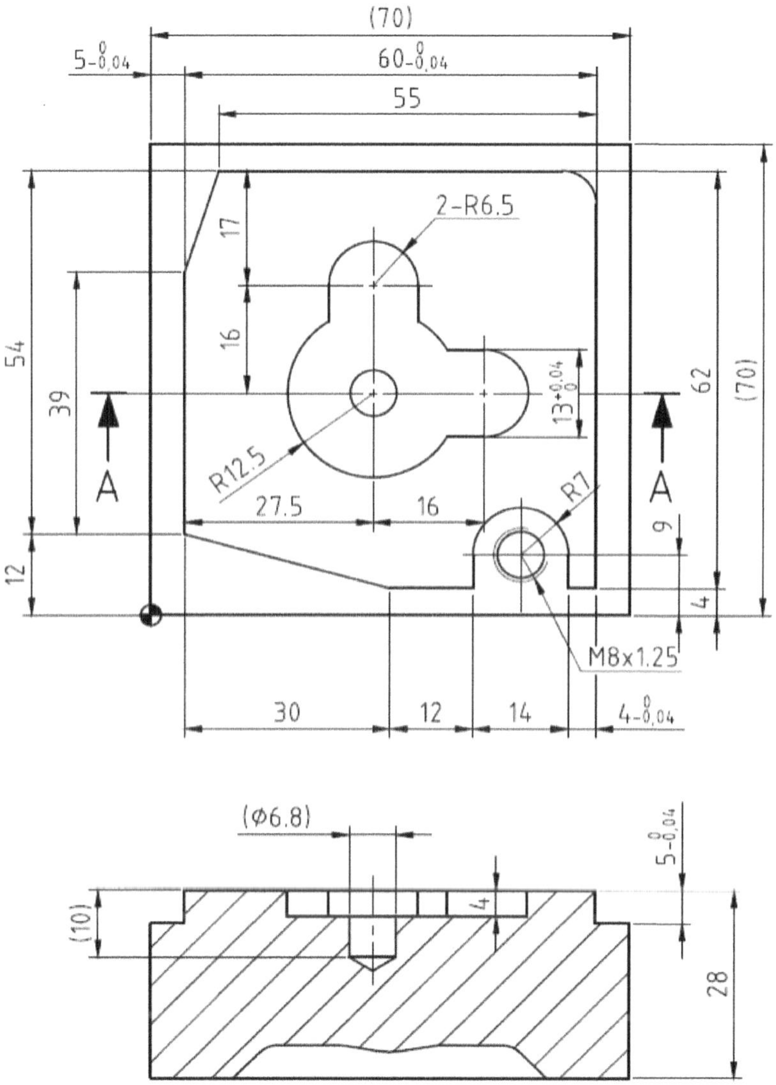

A-A

주서

1. 도시되고 지시없는 모따기 및 라운드 C5, R5
2. 일반 모따기 C0.2~0.3
3. 나사 탭 M8x1.25 관통

출처 : 큐넷

(2)

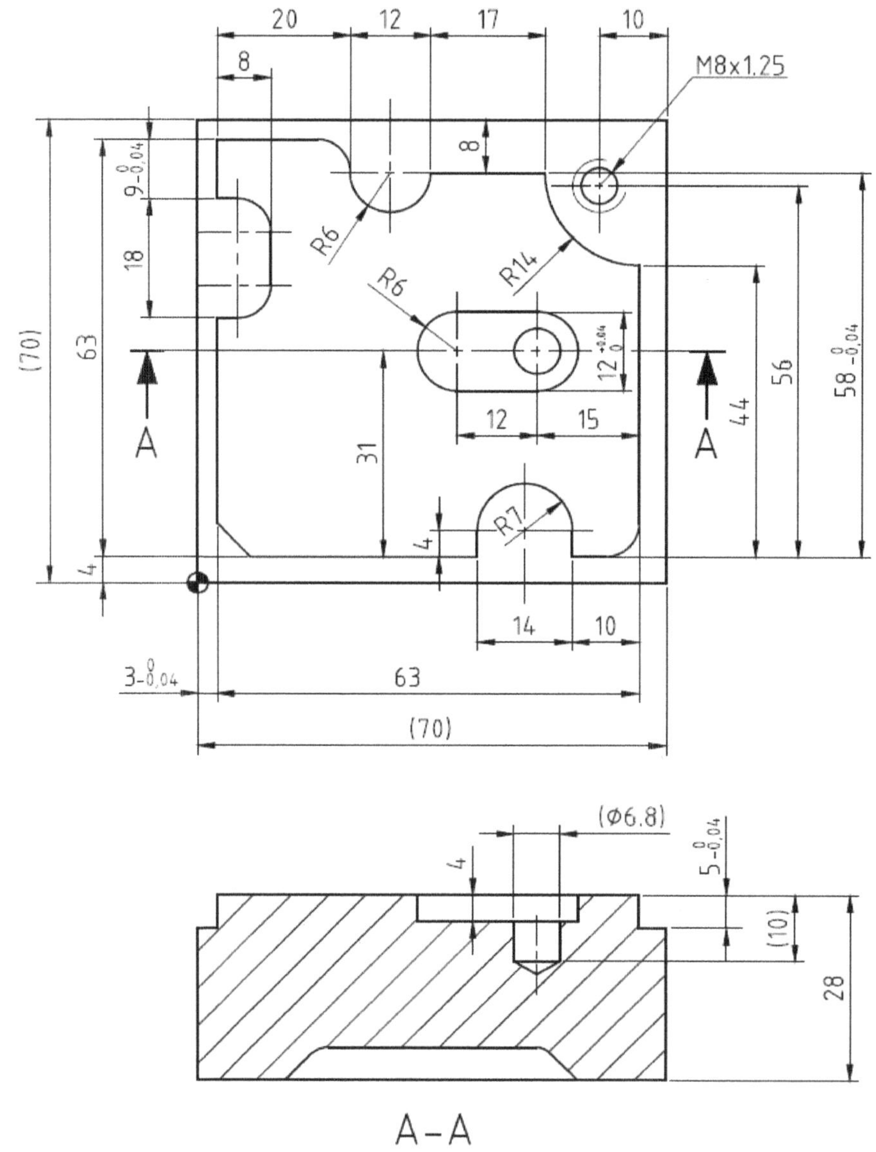

주서

1. 도시되고 지시없는 모따기 및 라운드 C5, R5
2. 일반 모따기 C0.2~0.3
3. 나사 탭 M8x1.25 관통

출처 : 큐넷

(3)

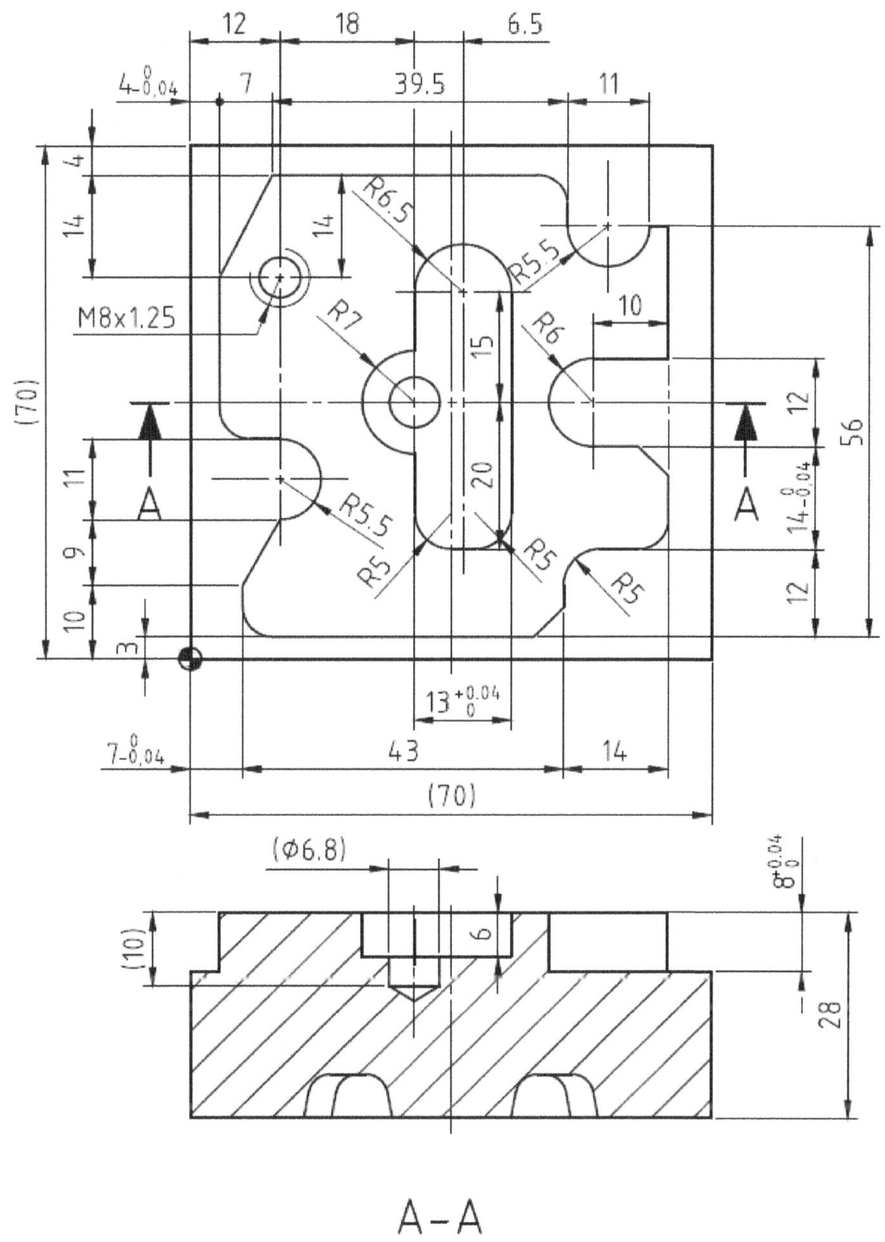

주서

1. 도시되고 지시없는 모따기 및 라운드 C4, R4
2. 일반 모따기 C0.2~0.3
3. 나사 탭 M8x1.25 관통

출처 : 큐넷

(4)

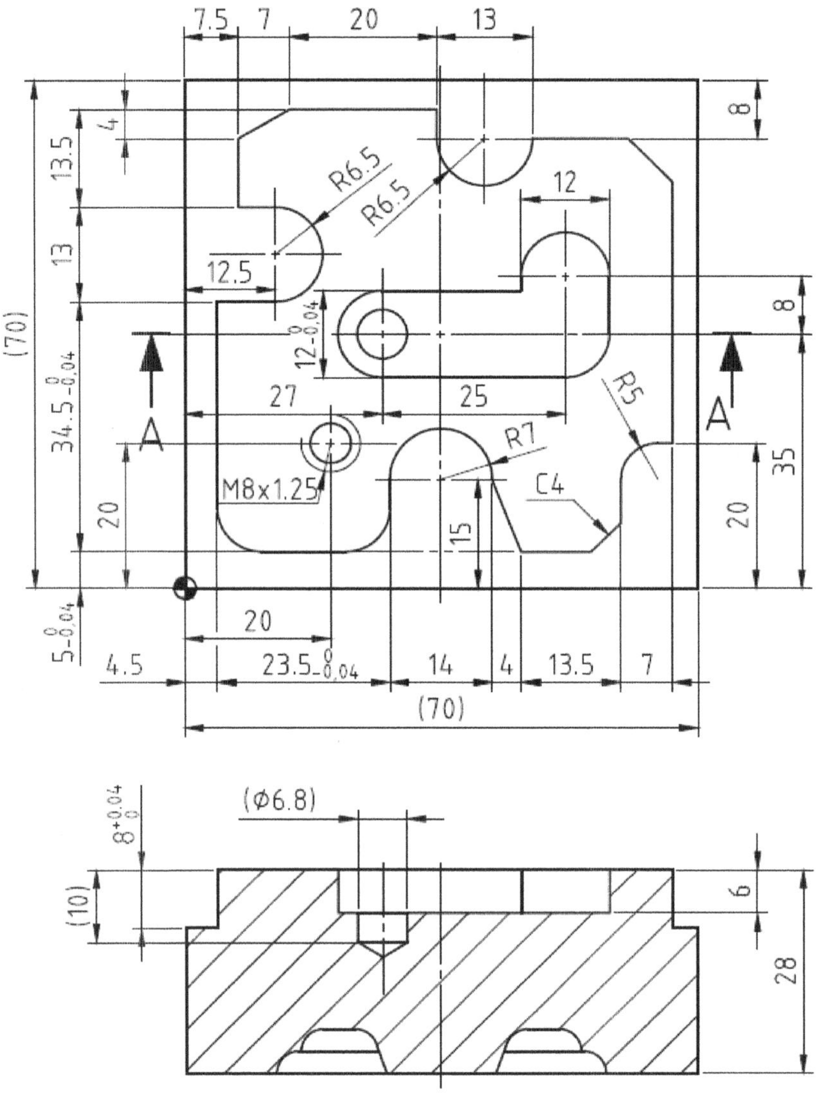

A-A

주서

1. 도시되고 지시없는 모따기 및 라운드 C6, R6
2. 일반 모따기 C0.2~0.3
3. 나사 탭 M8x1.25 관통

출처 : 큐넷

PART Ⅳ

3D 모델링을 활용한 3D 가공

Chapter 5. 3축 가공

PART Ⅳ

Chapter 5. 3축 가공

5.1 3축 가공 따라하기-1

(1) 3축 가공(Z레벨 황삭가공)

1) 부품 가져오기

① 파일 → 가져오기를 클릭하여 부품 파일을 가져온다.

② 포켓의 세부 정보를 볼 수 있도록 모델을 회전한다. (Control+마우스 휠)

2) 가공을 위한 프리폼 피처 생성

① 2.5축 가공과는 달리 3축 가공에서는 프리폼 피처를 생성하도록 한다.

② 피처 메뉴를 클릭하고 프리폼 툴바를 클릭한다.

③ 파트란을 클릭하고 모델에서 작업할 부분을 선택하여 준다.
파트란에서 선택되어질 수 있는 부분은 솔리드의 면, STL, 서페이스, 솔리드 모델이다. 선택된 부분은 녹색으로 표시된다.

④ 체크란에는 모델에서의 미가공 영역을 지정해 준다. 체크란에서 선택되어질 수 있는 부분은 솔리드의 면, STL, 서페이스, 솔리드 모델이다.

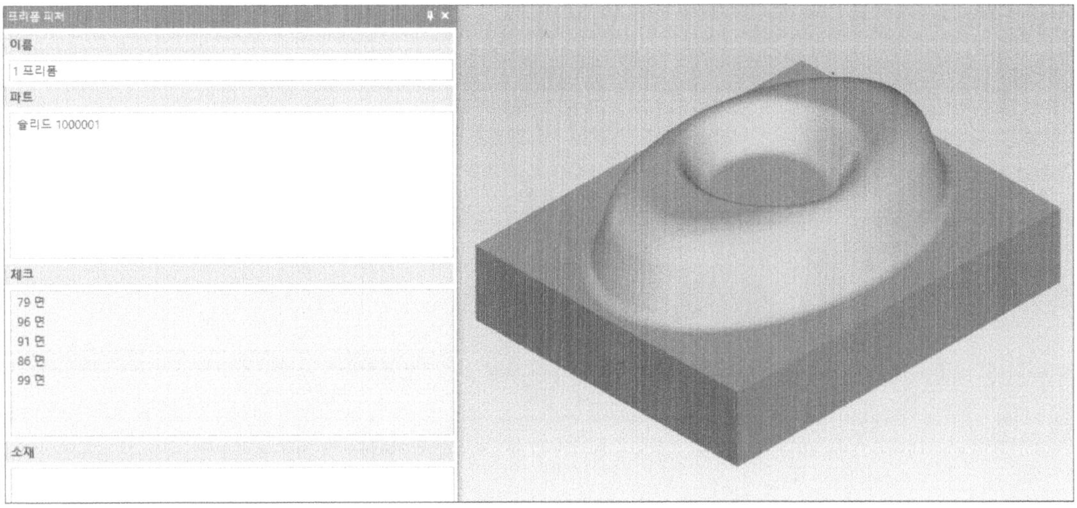

⑤ 파트란과 체크란을 선택하였다면 확인을 클릭한다. 피처 관리자에서 프리폼이 생성된 것을 확인할 수 있다.

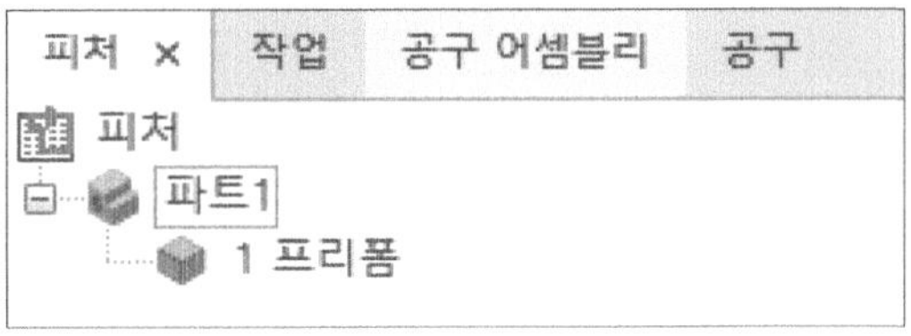

3) 밀링 머신 설정

① 홈 탭에서 머신 셋업 툴바를 선택하여 머신 설정을 한다. 사용할 장비, 바이스, 소재 등을 설정한다.

4) Z레벨 황삭 가공

① 피처 관리자에서 프리폼을 선택한 다음 프리폼 메뉴에서 Z레벨 황삭을 선택한다.

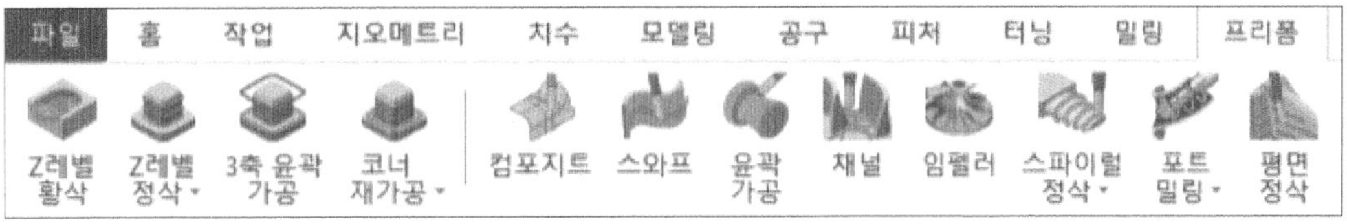

② 황삭 가공 설정을 하기 전 상단의 ‘기본값으로’ 아이콘을 클릭한다.

③ 일반 페이지 설정

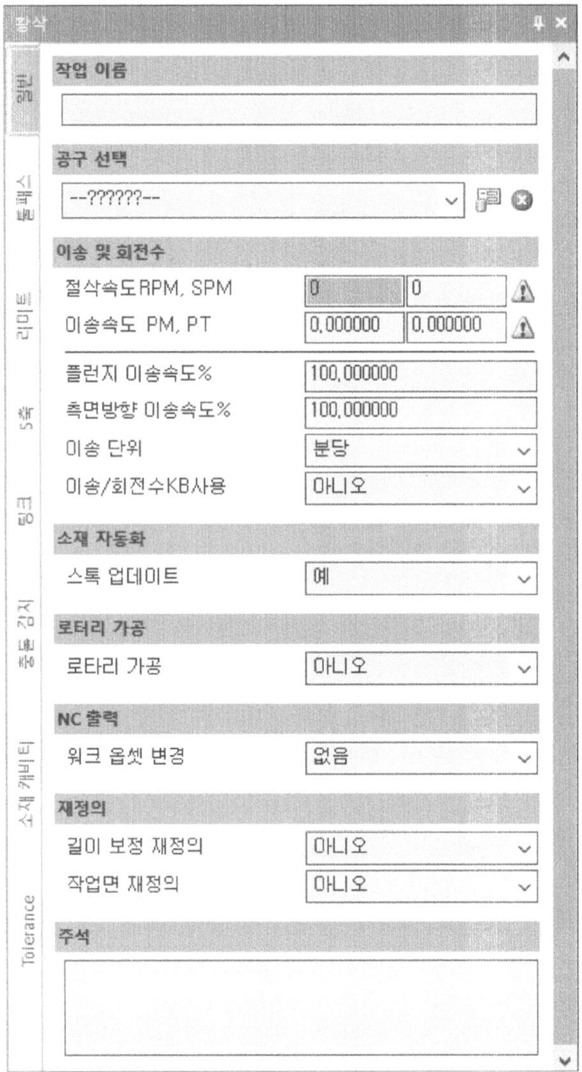

■ 작업 이름 : 프로그램의 작업 이름을 적는다.

■ 공구 선택 : 사용할 공구를 선택한다. 오른쪽의 화살표를 눌러 풀다운 메뉴에서 공구를 선택한다. 가공에 사용할 공구가 만들어지지 않은 경우에는 목록에 공구가 표시되지 않는다.

■ 제어 점

- 팁(Tip) : 공구의 바닥중심에서 공구 경로가 생성된다..
- 반경의 중심 : 공구 경로가 공구의 반지름 값 만큼 옵셋 되어 표면 프로파일과 매치된다.

■ 이송 및 회전수 : 가공에 사용할 스핀들의 피드(이송 속도) 및 회전수를 정한다.

- 절삭속도RPM, SPM : 가공에 사용할 스핀들 회전수를 입력한다.
  - RPM : 스핀들 회전수를 입력한다. RPM 값을 입력하면 SPM의 값은 자동으로 변환되어 입력된다. RPM은 분당 회전수를 의미한다.
    RPM = (12 * SPM) / (PI * 공구 지름), 미터법을 사용하는 경우 12대신 1000을 사용
  - SPM : 분당 표면(surface) 속도를 의미한다. SPM 값을 입력하고 키보드의 TAB' 버튼을 누르면 자동으로 RPM 값이 연산되어 입력된다.
    SPM = RPM * PI * 공구 지름 / 12, 미터법을 사용하는 경우 12대신 1000을 사용
- 이송속도 PM, PT : 절삭 피드를 입력한다. PM은 분당 이송속도를 의미하며, PT는 날당 이송속도를 의미한다.
- 플런지 이송속도% : 공구축이 수직으로 접근하는 동안 입력된 %값으로 피드 값이 적용된다.
- 측면방향 이송속도% : 피드 링크나 접근하는 부분이 수직이 아닐 때 입력된 % 값으로 피드 값이 적용된다.
- 이송 단위 : 기본적으로 분당이송 표기 및 사용
- 이송/회전수KB사용 : KB(KnowledgeBase : 지식기반 시스템)로부터 자동으로 가공 조건을 입력할 경우 사용한다.
  자동 가공 시스템(KBM) 옵션이 장착된 경우 사용 가능하다. 자동 가공 시스템이 탑재되어 있지 않은 경우에는 일반적으로 '아니오'를 선택하면 된다.
  '아니오'를 선택하면 수동으로 회전수와 피드값을 입력하여야 한다.

■ 로터리 가공 : 기계가 회전 운동을 할 수 있는 경우 가공 중에 회전 운동을 사용할지 여부를 선택한다. '아니오'를 선택하면 선형 축으로만 가공을 수행한다.

■ NC 출력 : 가공 소재가 기계에서 회전할 때 작업 오프셋의 변형을 허용할지 여부를 선택한다.

- 없음 : 작업 오프셋은 기계의 한 위치에 유지
- 이동 : 작업 간격띄우기를 지정된 거리만큼 이동
- 회전 : 작업 간격띄우기를 회전하고 변환
- RTCP : 공구는 가공 중에 중심점을 기준으로 회전. 좌표는 부품을 기준으로 출력

■ 재정의

- 길이 보정 재정의 : 공구 길이 보정을 재지정할지 여부를 선택한다. 이 설정을 사용하면 작업당 길이 보정 레지스터를 변경할 수 있다.
- 작업면 재정의 : 참조 피처와 연관된 작업 기준면을 재지정할지 여부를 선택한다. 기본적으로 공구 축은 피처 작업 평면의 W축을 따라 정렬된다. 작업면(Work Conventional Trayfing)이 '예'로 설정된 경우 사용자는 공구 축 방향에 대해 다른 작업평면을 선택할 수 있으며, 동일한 형상을 다른 방향에서 가공할 수 있다.

일반 페이지의 설정값은 아래와 같이 설정하도록 한다.

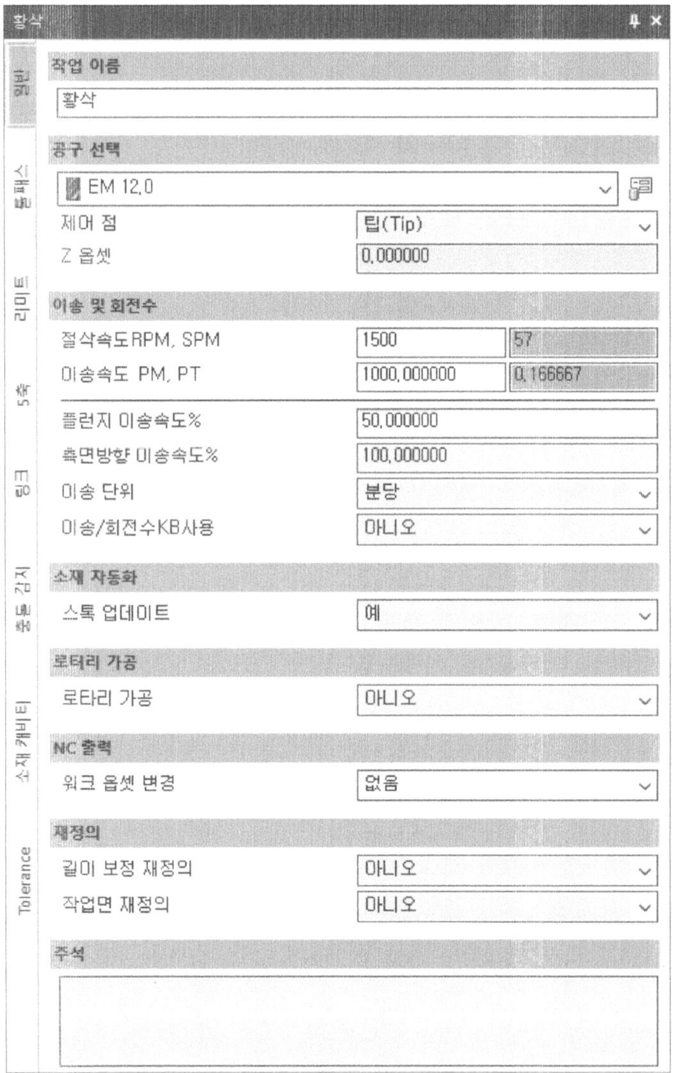

④ 툴패스 페이지 설정

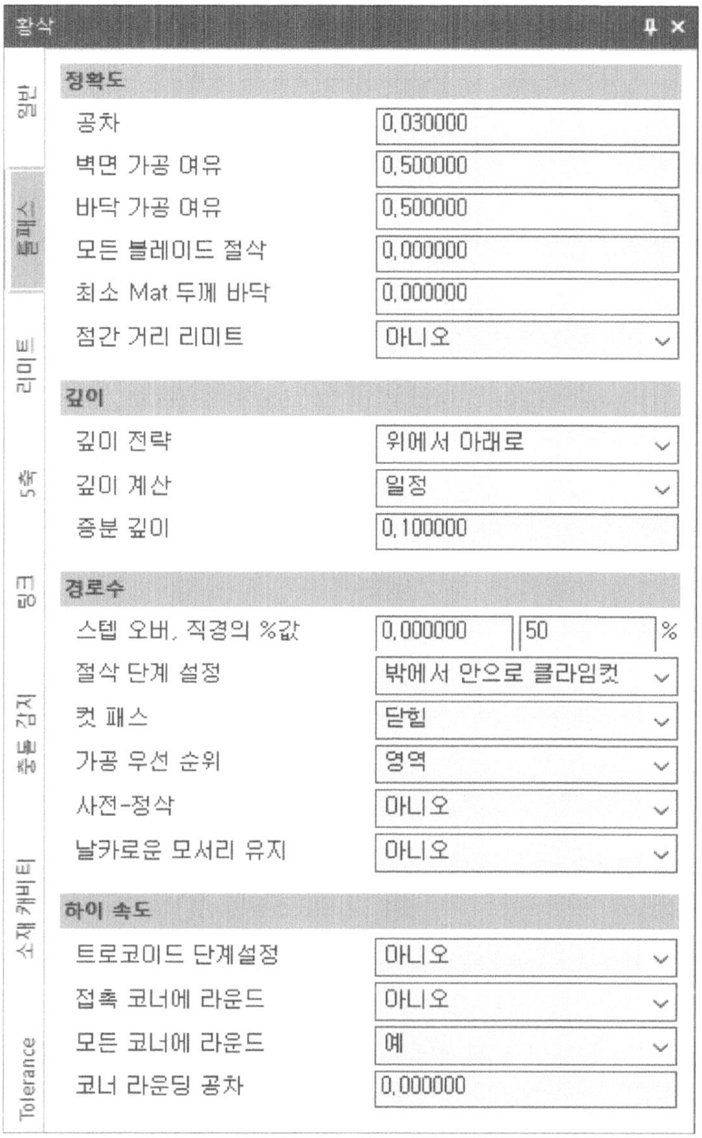

■ 정확도

- 공차 : 실제 가공과 시뮬레이션 사이에 허용되는 최대 오류 값을 설정한다.
- 벽면 가공 여유 : 모델의 벽면과 공구 경로 사이의 거리를 의미한다. 양수나 음수 값을 입력할 수 있다.
- 바닥 가공 여유 : 모델의 바닥과 공구 경로 사이의 거리를 의미한다. 양수나 음수 값을 입력할 수 있다.

- 모든 블레이드 절삭 : 황삭 경로를 만들기 위해 필요한 소재의 최소 벽두께.
- 최소 Mat 두께 바닥 : 황삭 경로를 만들기 위해 필요한 소재의 최소 바닥두께. 기본 최소 소재 두께는 '0'이다. 공구가 남아 있는 소재를 절삭하는 것을 의미한다. 이 값을 증가시키면, 소재의 작은 양을 없애는 것을 피해서 지나간다.
- 점간 거리 리미트 : 공구 경로에서 연속된 2개의 점 사이의 거리를 제한할지를 선택한다. 일반적으로 공차가 공구 경로에서 점 사이의 거리를 제어한다.

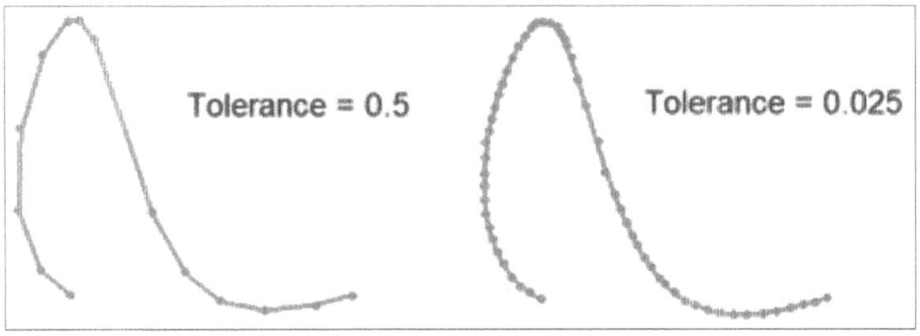

■ 깊이

- 깊이 전략 : Z 레벨 가공 경로를 설정한다.
  - 위에서 아래로 : 가공 경로는 스톡 모델의 상단 높이에서 시작하여 바닥 높이에 도달할 때까지 각 절삭 높이를 증분 깊이만큼 줄이는 경로를 생성한다.
  - 아래에서 위로 : 가공 경로는 허용된 최대 깊이('최대 Vert. 플런지' 값으로 제어됨)에서 시작하여 상단 높이에 도달할 때까지 각 절삭 높이를 증분 깊이만큼 위쪽으로 증가시키는 경로를 생성한다.
  - 단일 절삭 : 가공 경로는 필요한 Z레벨에서만 생성된다. '경로 위치 Z'를 입력하거나 화면에서 지오메트리를 선택한다.
- 깊이 계산
  - 일정 : 단차가 되어 있는 부분의 가공에서 가공이 같은 깊이 값으로 계속 일정하게 이루어진다. 가공 툴패스가 일정하게 나타난다.
  - 적응 : '일정'과 달리 바닥에 남아있는 소재를 모두 가공하는 가공 경로가 생성이 되며, 다음 깊이 가공을 한다.
  - 스캘럽 높이 : 스캘럽의 높이가 작을수록 표면 조도는 향상된다.

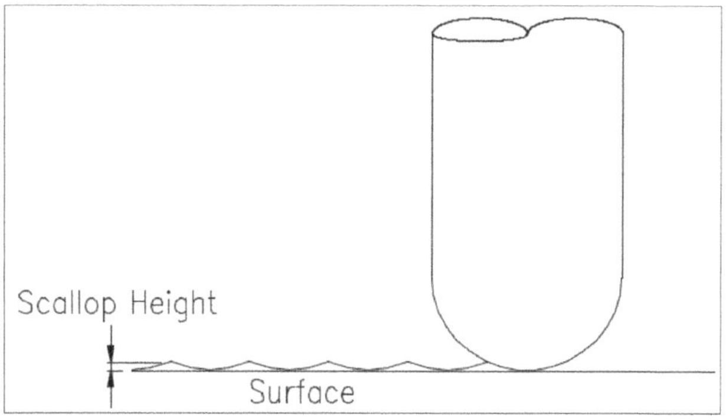

- 증분 깊이 : 증분 가공 깊이를 입력한다.
- 최대 Vert. 플런지 : Z-레벨에서 연속 절삭 경로 사이의 최대 증분 깊이를 입력한다.
- 경로 위치 Z : 화면상의 하나의 절삭 경로나 도형에 대한 Z위치를 입력한다.

■ 경로수

- 스텝 오버, 직경의 %값 : 가공 피치 값(가공 경로 사이의 측면 거리 : 공구 중심에서 중심까지의 거리)을 입력한다. 스텝오버 값은 그 값을 직접 입력할 수도 있고, 공구직경에 대한 %값을 입력할 수 있다. 스텝오버 값과 '직경의 %값'은 상호 연계되어 있는 값이라 한쪽을 입력하면 다른 쪽은 자동으로 계산된다.
- 절삭 단계 설정
  - 복귀 최적화 : 공구 경로는 급속 공구 재배치를 줄이기 위해서 가능한 공구가 모델과 접촉 하는 것을 유지하려고 시도한다. 오르막 모드가 필요하지 않는 경우 가공 시간을 줄이기 위해 이 옵션을 사용한다.
  - 밖에서 안으로 클라임컷 : 바깥쪽에서 안쪽으로부터 접선으로 공구 경로를 진행한다.
  - 안에서 밖으로 클라임컷 : 안쪽에서 바깥쪽으로부터 접선으로 공구경로를 진행한다.
  - Profit Milling : 트로코이드 및 오프셋 절삭 패스가 결합되어 사이클 시간과 가공 부하를 줄여 공구 수명을 연장하도록 설계된 최적화된 공구 경로를 생성한다.

- 컷 패스
  - 열기 : 모델 컨투어는 오프셋 컷 가공 패스를 생성하기 위한 경계로 간주되며, 경계가 열려 있으면 오프셋 컷 가공 패스가 열리고 간격띄우기 방향이 모델 경계를 향해 가공 경로가 생성된다.
  - 닫힘 : 모델 컨투어와 스톡 컨투어(stock contour)는 오프셋 컷 가공 패스를 생성하기 위한 경계로 간주된다. 이로 인해 항상 닫힌 경계와 닫힌 컷 가공 패스가 생성된다.
- 가공 우선 순위
  - 영역 : 한 부분의 영역을 모두 가공을 한 후 공구가 이동하여 다른 영역을 가공한다.
  - Z 레벨 : 서로 다른 영역을 같은 깊이로 공구가 이동하며 가공한다.
- 사전-정삭 : 황삭 가공 후 마무리로 깔끔하게 정삭 가공을 한다.

■ 하이 속도

- 트로코이드 단계설정 : 트로코이드 방식의 가공을 사용할지 사용하지 않을지 설정을 한다. '예'로 설정을 하게 되면 고속가공이 이루어진다. 단, 장비에 옵션이 추가되어야 사용 가능하다.
- 접촉 코너에 라운드 : 코너 부분에서 공구 경로가 라운드 처리되어 생성이 된다.
- 모든 코너에 라운드
  - 아니오 : 모서리에 있는 공구 경로를 수정하지 않는다.
  - 예 : 이 옵션은 시스템의 동적 부분에 압력을 줄이고 고속 가공 할 수 있다.
  - 원호만 : 공구 경로 반경의 곡률는 심하게 주어진 값을 따른다. 최소 곡률 반경은 적절한 기능을 위해 사용되어야 한다.
- 코너 반경 : 모든 코너에 라운드가 '원호만'으로 설정될 때 입력할 수 있다.반경 값은 공구 경로의 모든 코너 라운딩 부분에서 사용된다.

툴패스 페이지의 설정값은 아래와 같이 설정하도록 한다.

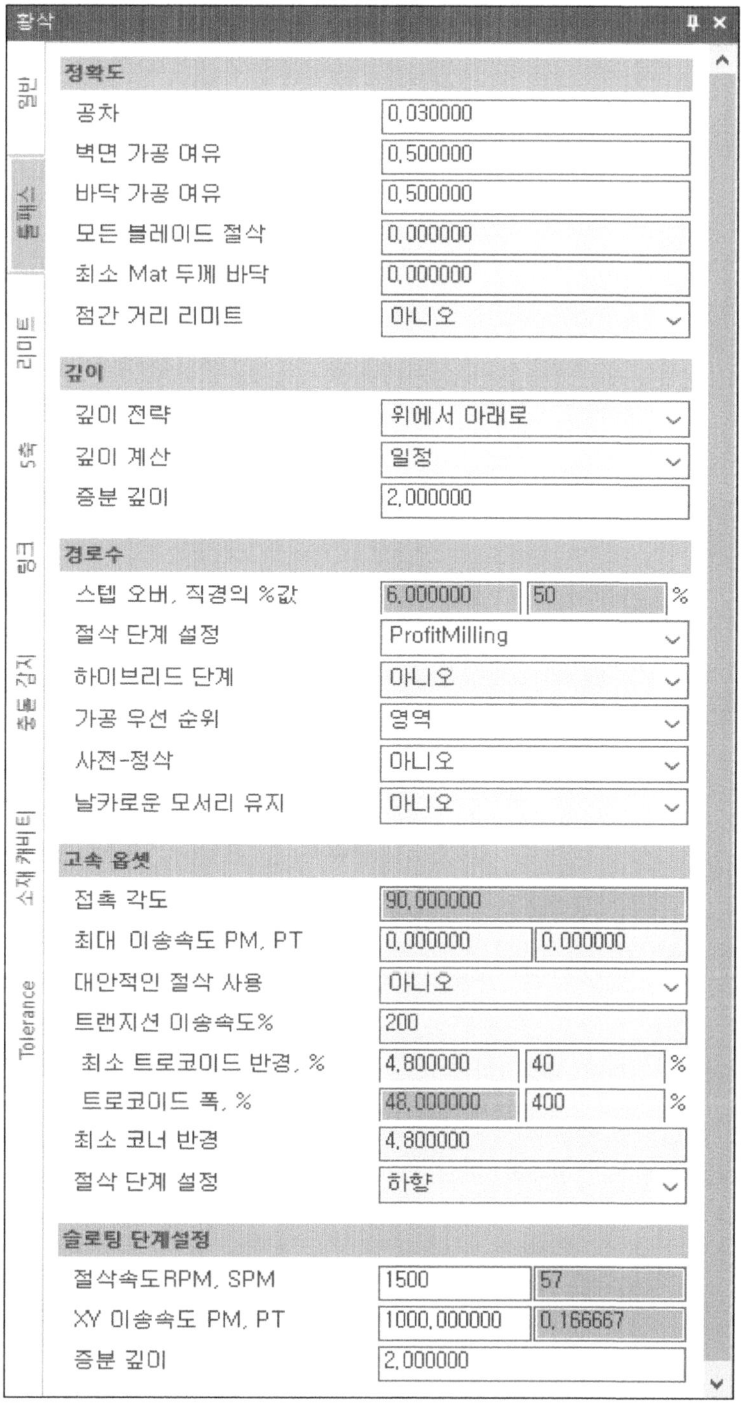

⑤ 리미트 페이지 설정

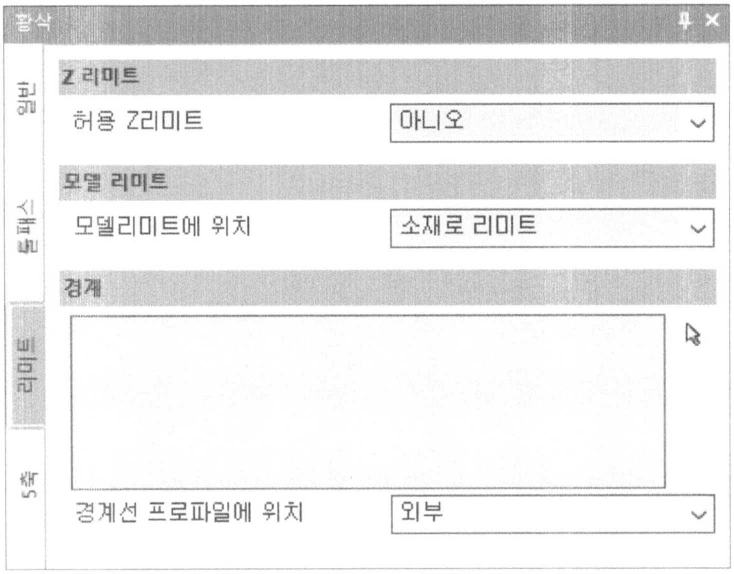

■ Z 리미트

- 허용 Z리미트 : '예'로 설정하게 되면 피처 생성시 자동으로 상단 Z리미트 값과 바닥 Z리미트 값이 입력이 된다.
- 상단 Z 리미트 : 원점에서부터 소재의 상단부분까지의 거리를 나타낸다.
- 바닥 Z 리미트 : 원점에서부터 소새의 바닥부분까시의 거리를 나타낸다.

■ 모델 리미트

- 경계선에 공구 중심 : 공구의 중심이 소재의 끝에 일치할 때 공구가 멈춘다.
- 외부 옵셋 : 공구가 모델 리미트 오프셋에 입력한 거리만큼 더 이동을 한 후 멈춘다.
- 소재로 리미트 : 남은 소재에 밖으로 완벽하게 이동할 때 공구가 멈춘다. 이 옵션은 오직 황삭을 위해서 사용한다.
- 내부 옵셋 : 외부 오프셋과 반대로 입력한 값만큼 안쪽에서 공구가 멈춘다.
- 경계선에 접촉 점 : 공구는 모델과의 접촉되는 부분이 없을 때 멈춘다.

■ 경계 : 공구 경로는 경계 프로파일의 안으로 제한 할 수가 있다. 프로파일 내부에 다른 프로파일이 있는 경우 아일랜드 구간으로 간주한다. 닫힌 프로파일 형태로 생성해야 한다.

- 경계선 프로파일에 위치
    - 내부 : 경계선 프로파일 안쪽으로 공구가 위치한다.
    - 외부 : 공구가 경계 프로파일에 완벽하게 벗어나는 경로를 만든다.
    - 프로파일에 접촉 점 : 공구와 공작물 사이의 접촉지점인 경계 프로파일 밖에서 멈춘다.
    - 프로파일에 공구 중심 : 경계 프로파일의 끝점이 공구의 중심과 일치할 때 멈춘다.

[리미트] 페이지의 설정값은 아래와 같이 설정하도록 한다.

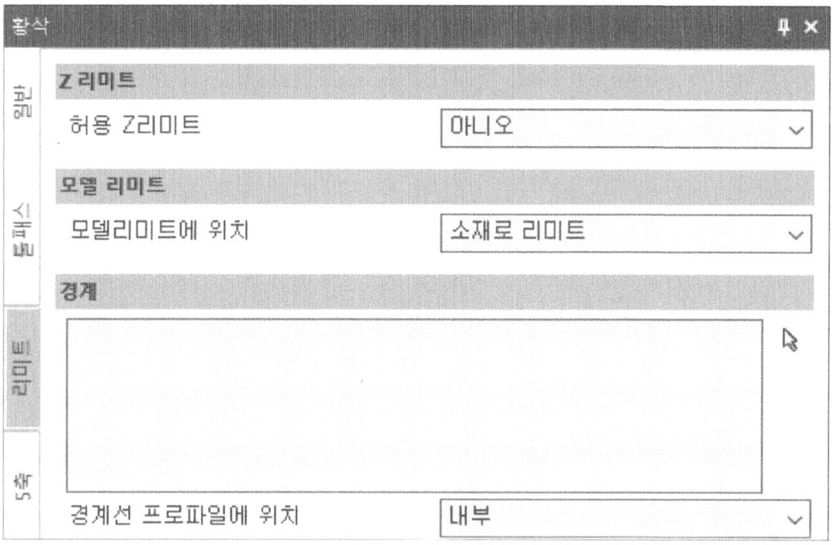

⑥ 링크 페이지 설정

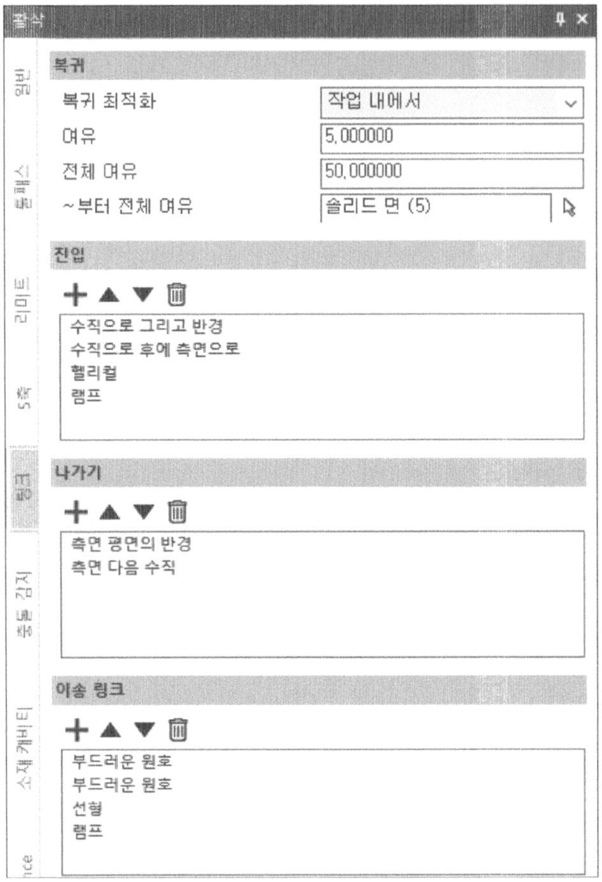

■ 복귀

- 복귀 최적화 :
    - 아니오 : 모든 공구 복귀가 전체 여유에 입력한 값으로 인식하여 복귀한다.
    - 작업 내에서 : 공구가 시작할 때 와 마쳤을 때는 전체 여유값으로 인식을 하고, 이외의 작업 내의 모든 복귀는 최적화 되어 있다.

■ 진입

- 수직 : 수직 거리를 입력해 준다. H 거리에 의한 공구경로의 시작점에서 수직으로 내려가 피드 이송한다.
- 램프 : 임의의 점을 지정하여 그 지점으로 수직으로 접근을 한다.
- 수직으로 후에 측면으로 : 수직으로 내려온 후 가로방향으로 접근한다.

- 수직으로 그리고 반경 : 이 공구속도가 내려갈 때 접선이나 수평에서 호를 따라 이동하며 접근한다.
- 헬리컬 : 공구가 나선형으로 이동하면서 접근을 한다.
- 점에서 수직 : 임의의 점을 지정하여 그 지점으로 수직으로 접근을 한다.
- 점에서 헬리컬 : 임의의 점을 지정하여 그 지점으로 나선형으로 이동하면서 접근한다.

■ 나가기

- 수직 : 공구 경로의 끝점에서 공구 축 방향을 따라 직선으로 이동한다.
- 측면 다음 수직 : 측면 평면의 세그먼트를 따라 수평으로 이동한 다음 수직으로 이동한다.
- 측면 평면의 반경 : 수직 평면에서 호를 따라 이동한 다음 수직으로 이동한다.
- 점에서 수직 : 끝점을 사용자가 지정한다는 점을 제외하면 '수직'과 동일하다.

■ 이송 링크

- 부드러운 원호 : 이 링크는 부드러운 움직임과 Z-레벨을 연결한다. 링크의 시작과 끝은 부드러운 이동을 위해 라운드 된다.
- 부드러운 원호(분리 이동 포함) : 이 링크는 벽으로부터 옆으로 움직인 후 부드러운 움직임과 Z-레벨을 연결한다. 링크의 시작과 끝은 부드러운 이동을 위해 라운드 된다.
- 선형 : 이 링크는 직선운동과 Z레벨을 연결한다.
- 부드러운 원호(분리 이동 포함) : 이 링크는 벽으로부터 옆으로 움직인 후 직선운동과 Z레벨을 연결한다.
- 램프 : 이 링크는 고정된 램프 각도의 램프 운동과 Z-레벨을 연결한다. 램프의 폭은 중앙에 가공할 수 없는 공구를 위해 제한될 수 있다.
- 오버랩 없는 램프 : 이 링크는 고정된 램프 각도의 램프 운동과 Z-레벨을 연결한다. 램프의 폭은 중앙에 가공할 수 없는 공구를 위해 제한될 수 있다.

링크 페이지의 설정값은 아래와 같이 설정하도록 한다.

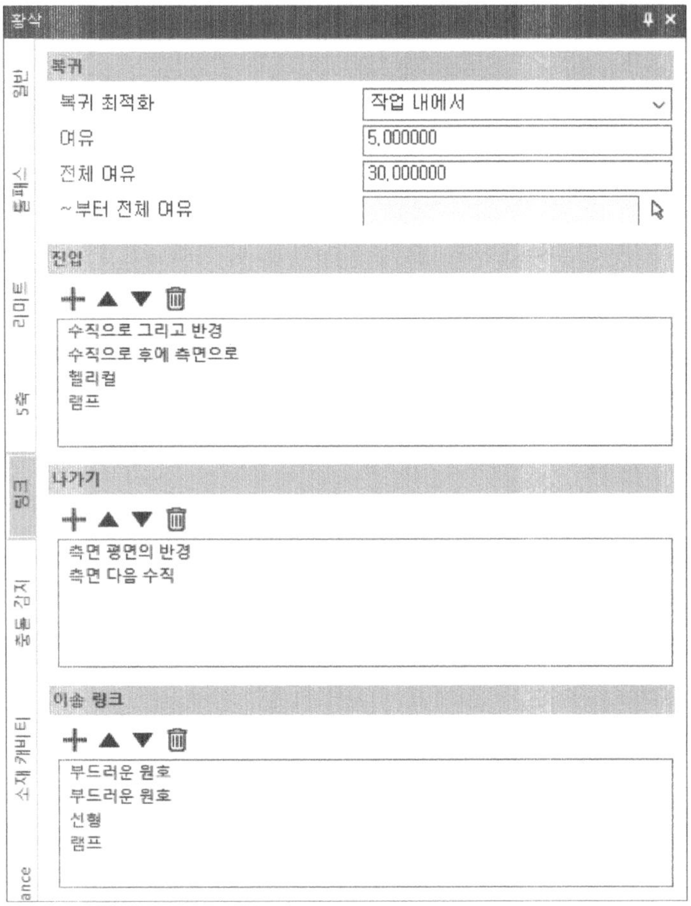

⑦ 확인을 클릭하고 황삭가공 툴패스를 확인한다.

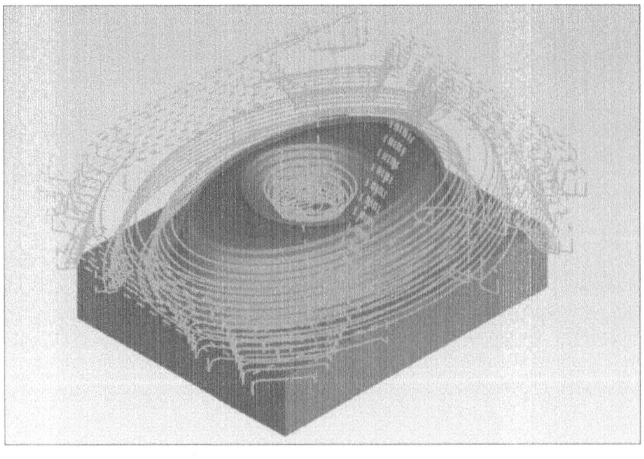

5) 글로벌 정삭 가공

① 피처 관리자에서 프리폼을 선택한 다음 프리폼 메뉴에서 글로벌 정삭을 선택한다.

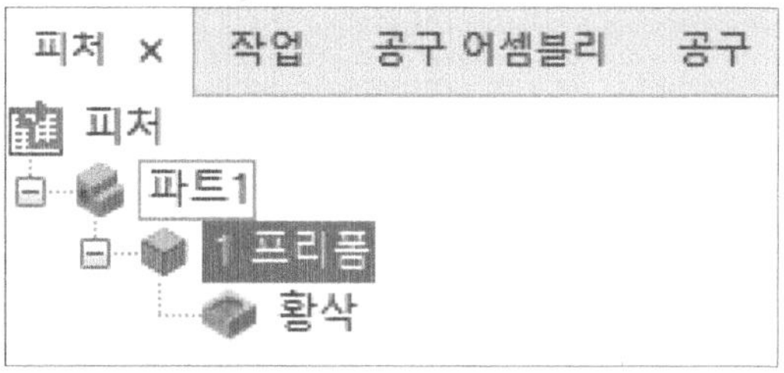

② 황삭 가공 설정을 하기 전 상단의 '기본값으로' 아이콘을 클릭하여 이전 설정값을 초기화 한다.

③ 일반페이지의 설정값은 아래와 같이 설정하도록 한다.

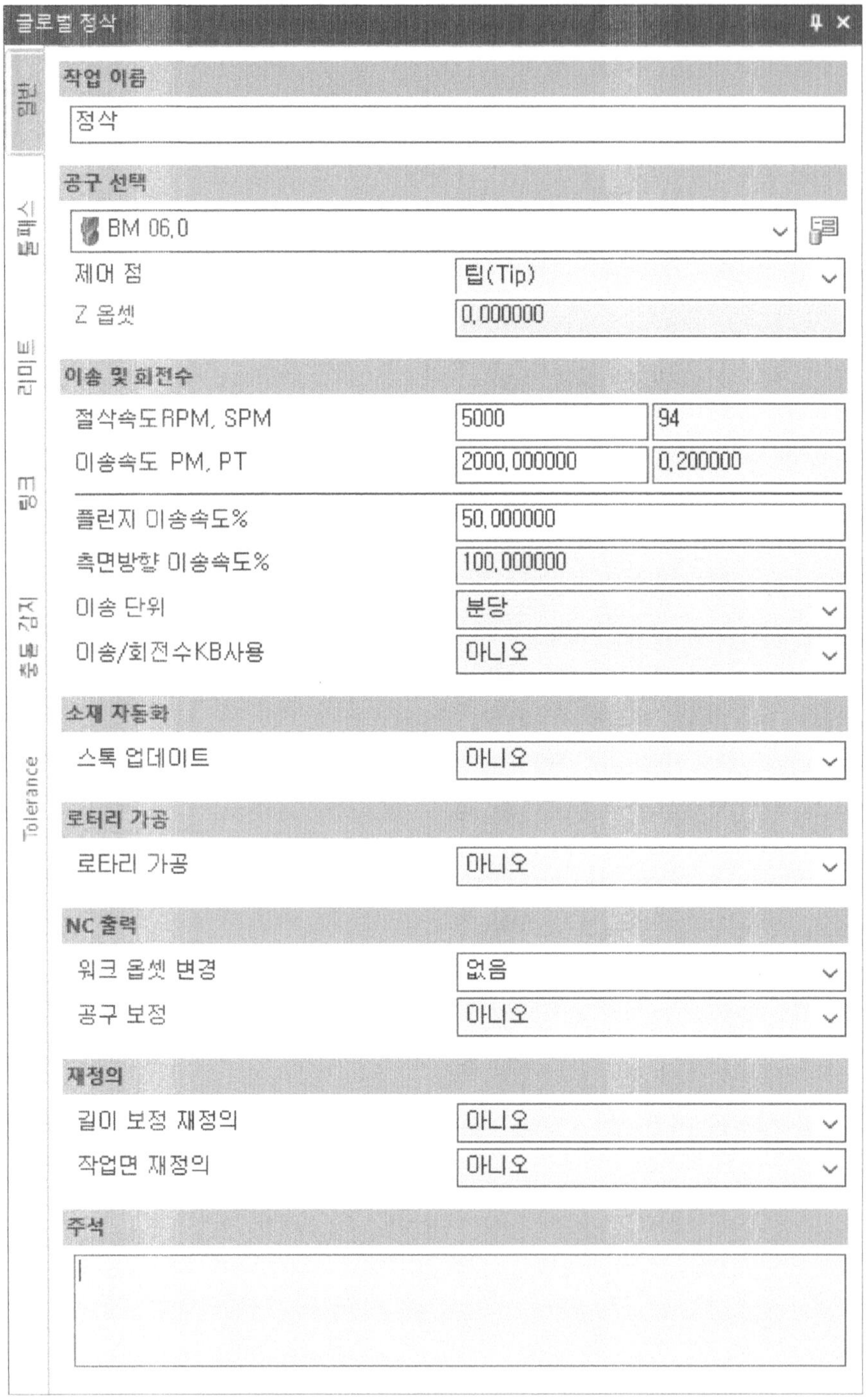

④ 툴패스페이지의 설정값은 아래와 같이 설정하도록 한다.

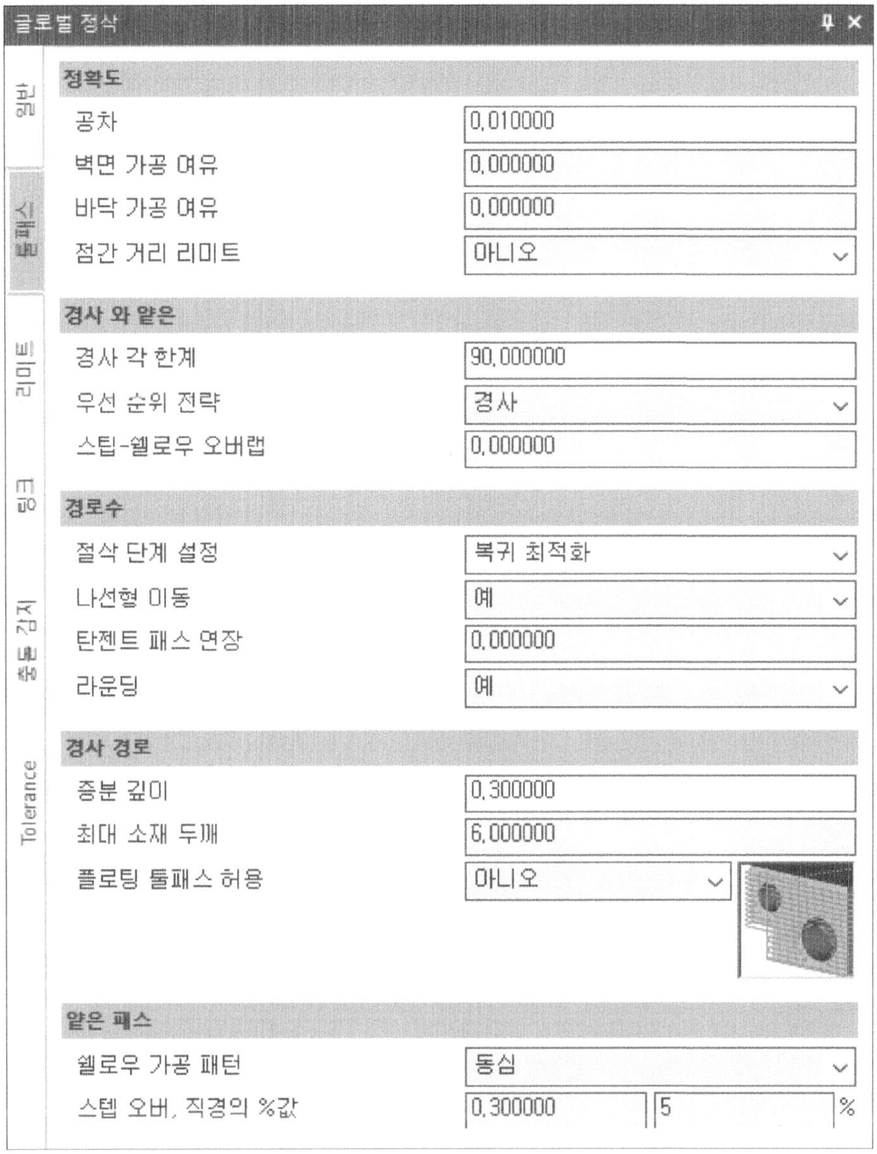

⑤ 리미트페이지의 설정값은 아래와 같이 설정하도록 한다.

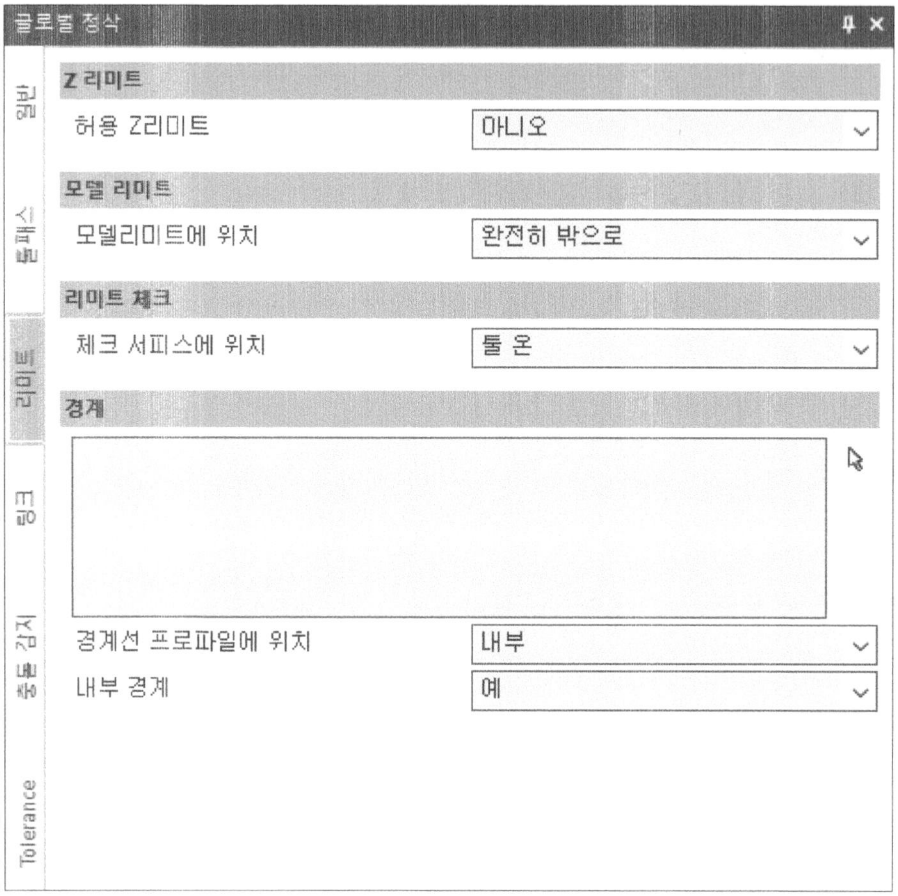

⑥ 링크페이지의 설정값은 아래와 같이 설정하도록 한다.

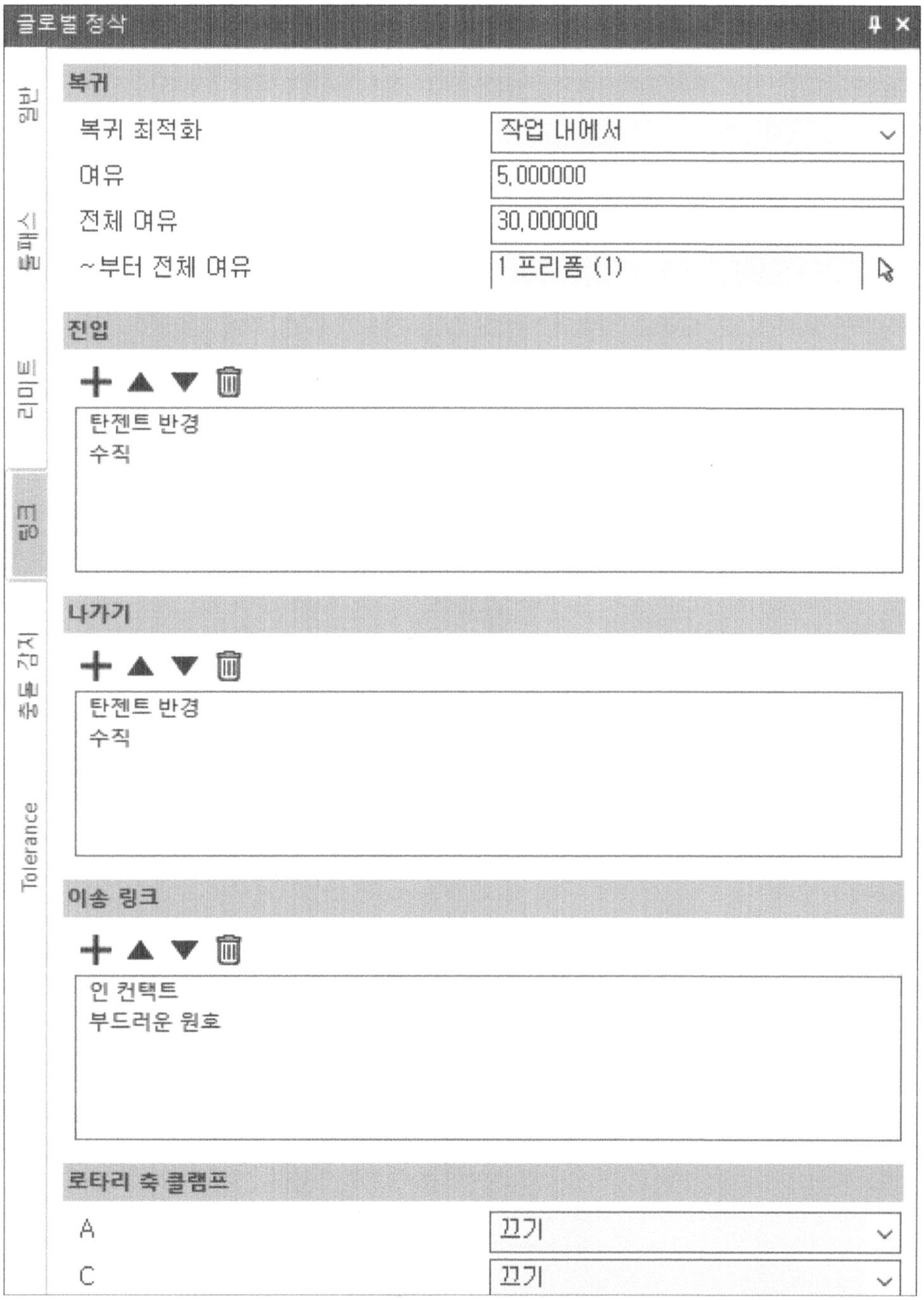

⑦ 확인을 클릭하고 황/정삭 가공의 툴패스를 확인한다.

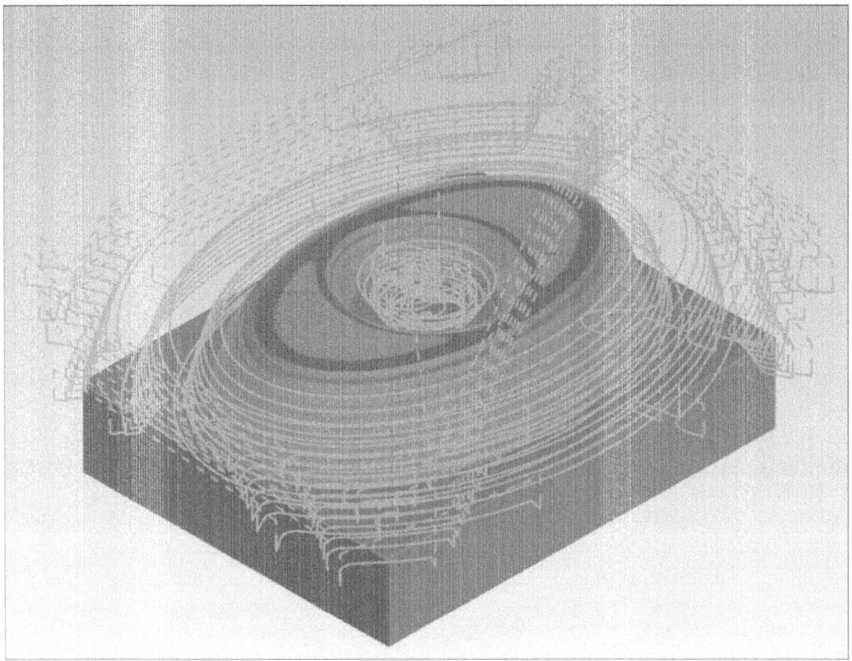

5.2 3축 가공 따라하기-2

(1) 3축 가공(글로벌 정삭가공)

1) 밀링 부품을 가져와 가공 준비

① 파일 → 가져오기를 클릭하여 부품 파일을 가져온다.

② 포켓의 세부 정보를 볼 수 있도록 모델을 회전한다. (Control+마우스 휠)

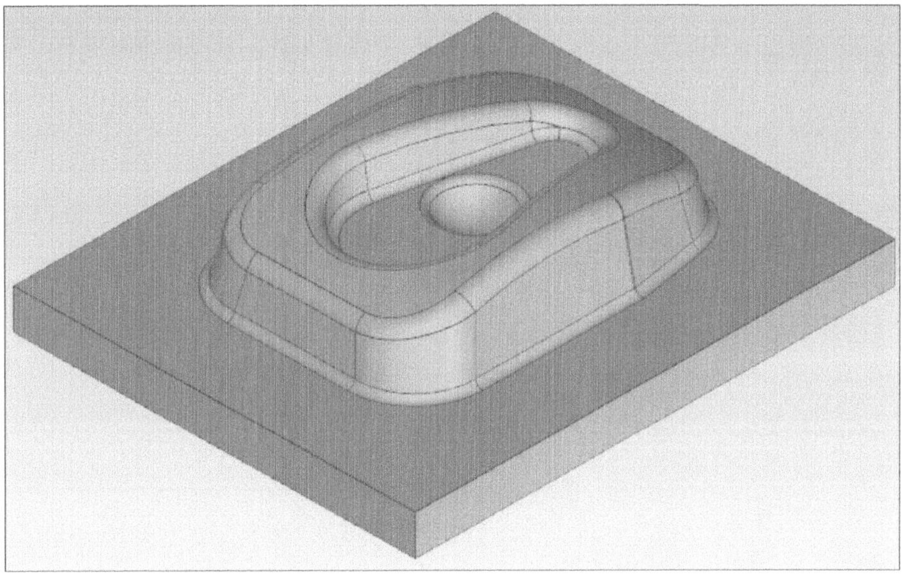

2) 가공을 위한 프리폼 피처 생성

① 2.5축 가공과는 달리 3축 가공에서는 프리폼 피처를 생성하도록 한다.

② 피처 메뉴를 클릭하고 프리폼 툴바를 클릭한다.

③ 파트란을 클릭하고 모델에서 작업할 부분을 선택하여 준다. 파트란에서 선택되어 질 수 있는 부분은 솔리드의 면, STL, 서페이스, 솔리드 모델이다. 선택된 부분은 녹색으로 표시된다.

④ 체크란에는 모델에서의 미가공 영역을 지정해 준다. 체크란에서 선택되어질 수 있는 부분은 솔리드의 면, STL, 서페이스, 솔리드 모델이다.

⑤ 파트란과 체크란을 선택하였다면 확인을 클릭한다. 피처 관리자에서 프리폼이 생성된 것을 확인할 수 있다.

3) 밀링 머신 설정

① 홈 탭에서 머신 셋업 툴바를 선택하여 머신 설정을 한다. 사용할 장비, 바이스, 소재 등을 설정한다.

4) Z레벨 황삭 가공

① 피처 관리자에서 프리폼을 선택한 다음 프리폼 메뉴에서 Z레벨 황삭을 선택한다.

② 황삭 가공 설정을 하기 전 상단의 '기본값으로' 아이콘을 클릭한다.

일반 페이지 설정

- 작업 이름 = 황삭
- 공구 ID = 12mm 엔드밀
- 절삭속도 RPM = 1200
- 이송속도 PM = 200
- 플런지 이송속도% = 50

툴패스 페이지 설정

- 스텝 오버 = 6
- 절삭 단계 설정 = ProfitMilling
- 가공 우선 순위 = 영역
- 절삭속도 RPM = 1500
- XY 이송속도 PM, PT = 200
- 증분 깊이 = 2

리미트 페이지 설정

- 기본값에서 변경 안함

링크 페이지 설정

- 기본값에서 변경 안함

③ 확인을 클릭하고 황삭가공 툴패스를 확인한다.

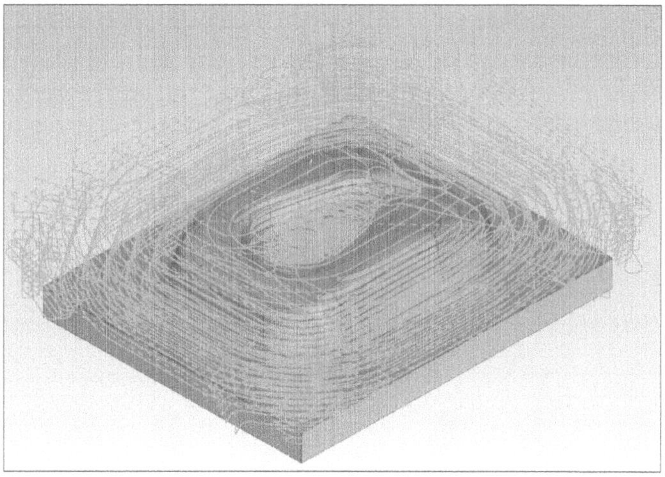

5) 글로벌 정삭 가공

① 피처 관리자에서 프리폼을 선택한 다음 프리폼 메뉴에서 글로벌 정삭을 선택한다.

② 황삭 가공 설정을 하기 전 상단의 '기본값으로' 아이콘을 클릭하여 이전 설정값을 초기화 한다.

③ 일반페이지의 설정값은 아래와 같이 설정하도록 한다.

[일반] 페이지 설정

- 작업 이름 = 정삭
- 공구 ID = 6mm 볼엔드밀
- 절삭속도 RPM = 3000
- 이송속도 PM = 2000
- 플런지 이송속도% = 50

[툴패스] 페이지 설정

- 공차 = 0.0
- 벽면 가공 여유 = 0
- 바닥 가공 여유 = 0

- 절삭 단계 설정 = 복귀 최적화
- 나선형 이동 = 예
- 증분 깊이 = 0.3
- 최대 소재 두께 = 15

리미트 페이지 설정

- 기본값에서 변경 안함

링크 페이지 설정

- 기본값에서 변경 안함

④ 확인을 클릭하고 정삭가공 툴패스를 확인한다.

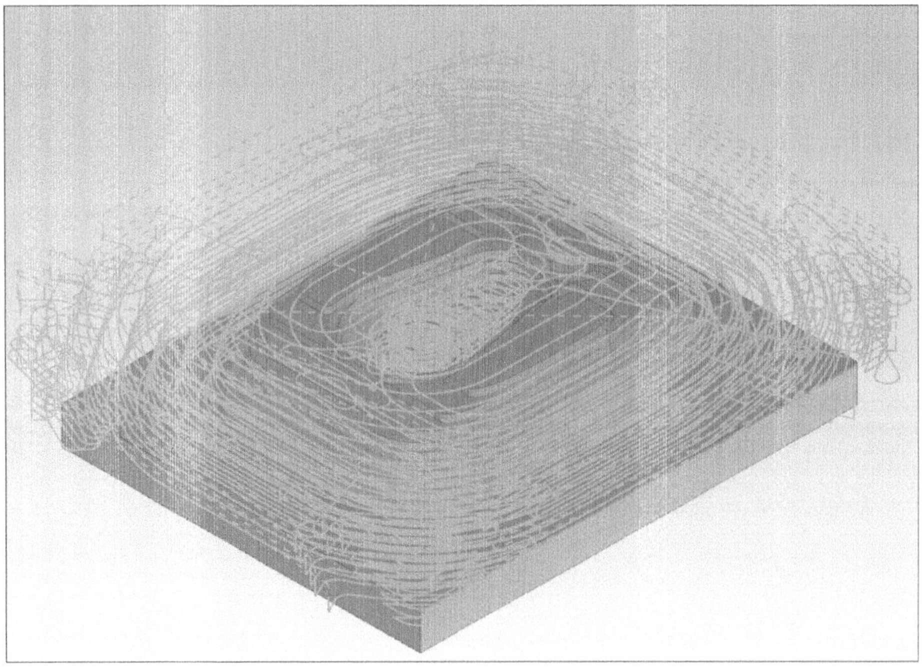

5.3 연습도면

(1)

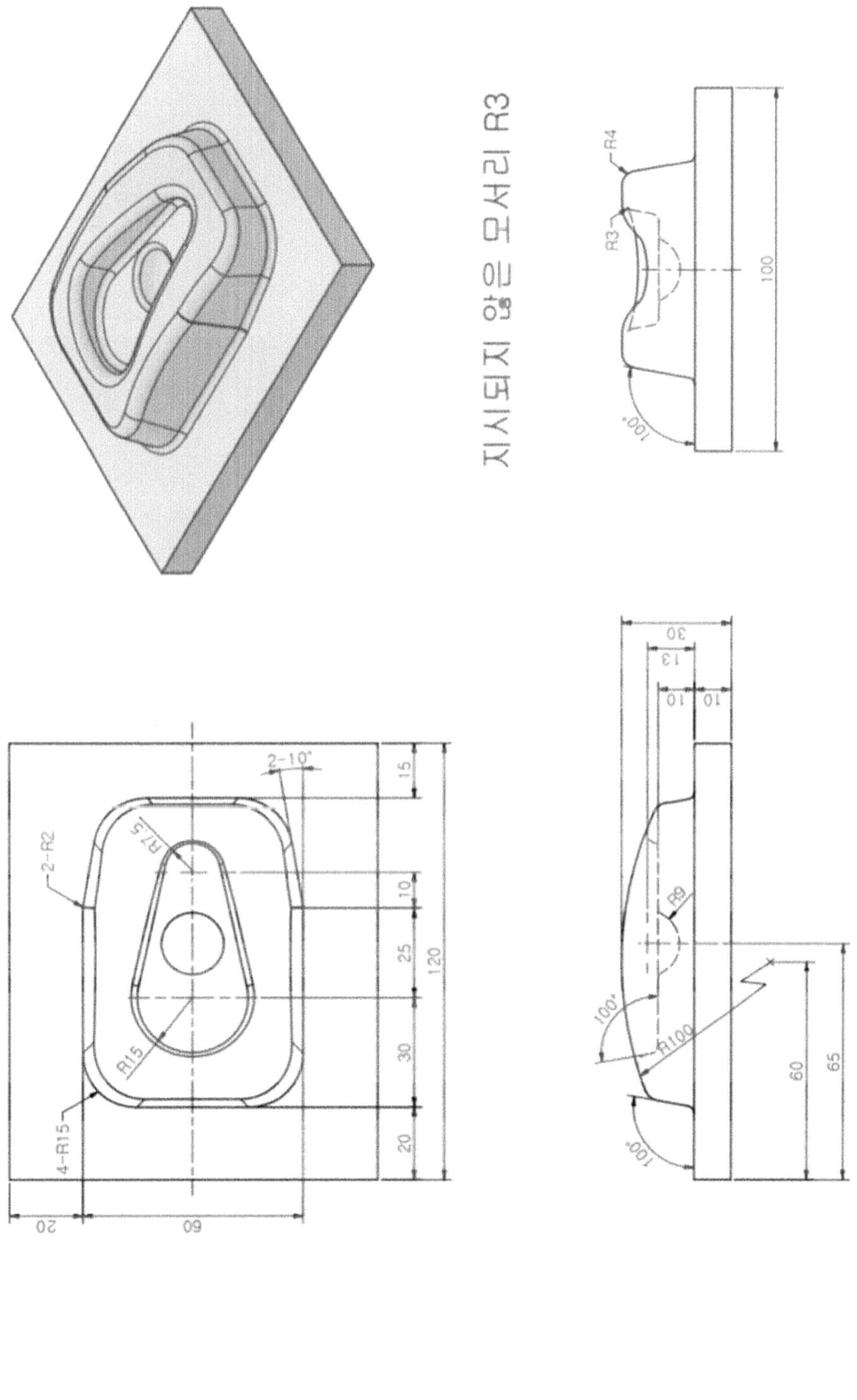
지시되지 않은 모서리 R3
R4
R3
100
100°
30
13
10
10
R9
100°
R100
60
65
100°
2-10°
2-R2
R7.5
R15
4-R15
15
10
25
30
20
120
20
60

(2)

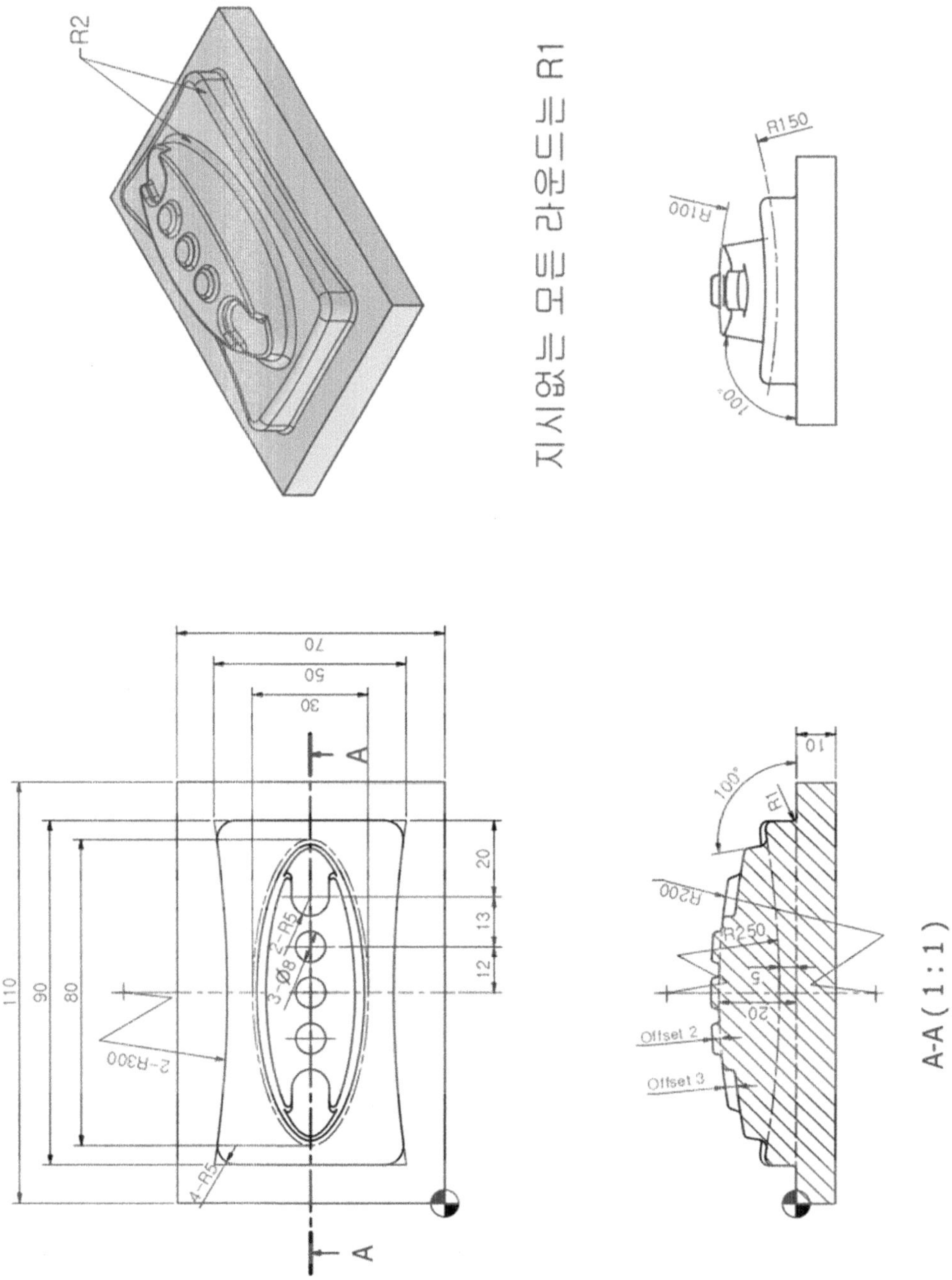
R2
지시없는 모든 라운드는 R1
R150
R100
100°
70
50
30
A
110
90
80
20
13
12
2-R5
3-Ø8
2-R300
4-R5
10
100°
R1
R200
R250
5
20
Offset 2
Offset 3
A-A (1 : 1)

(3)

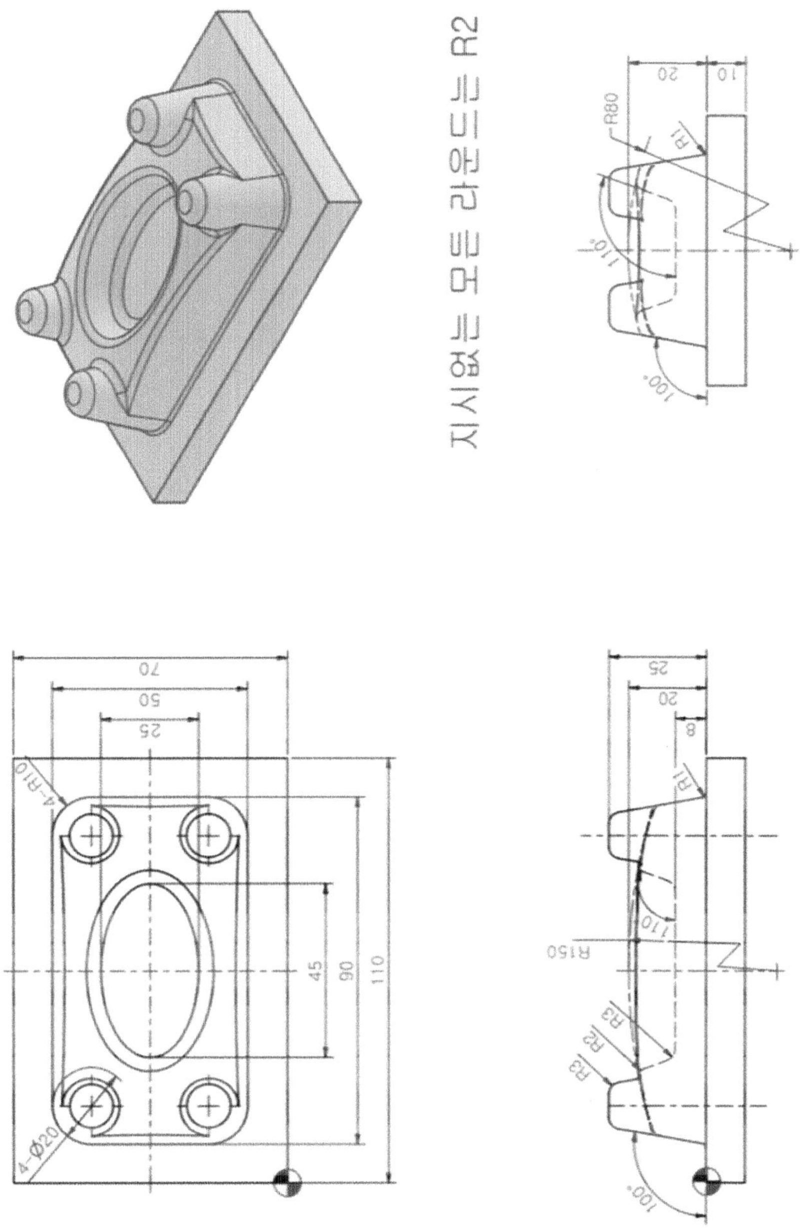

(4)

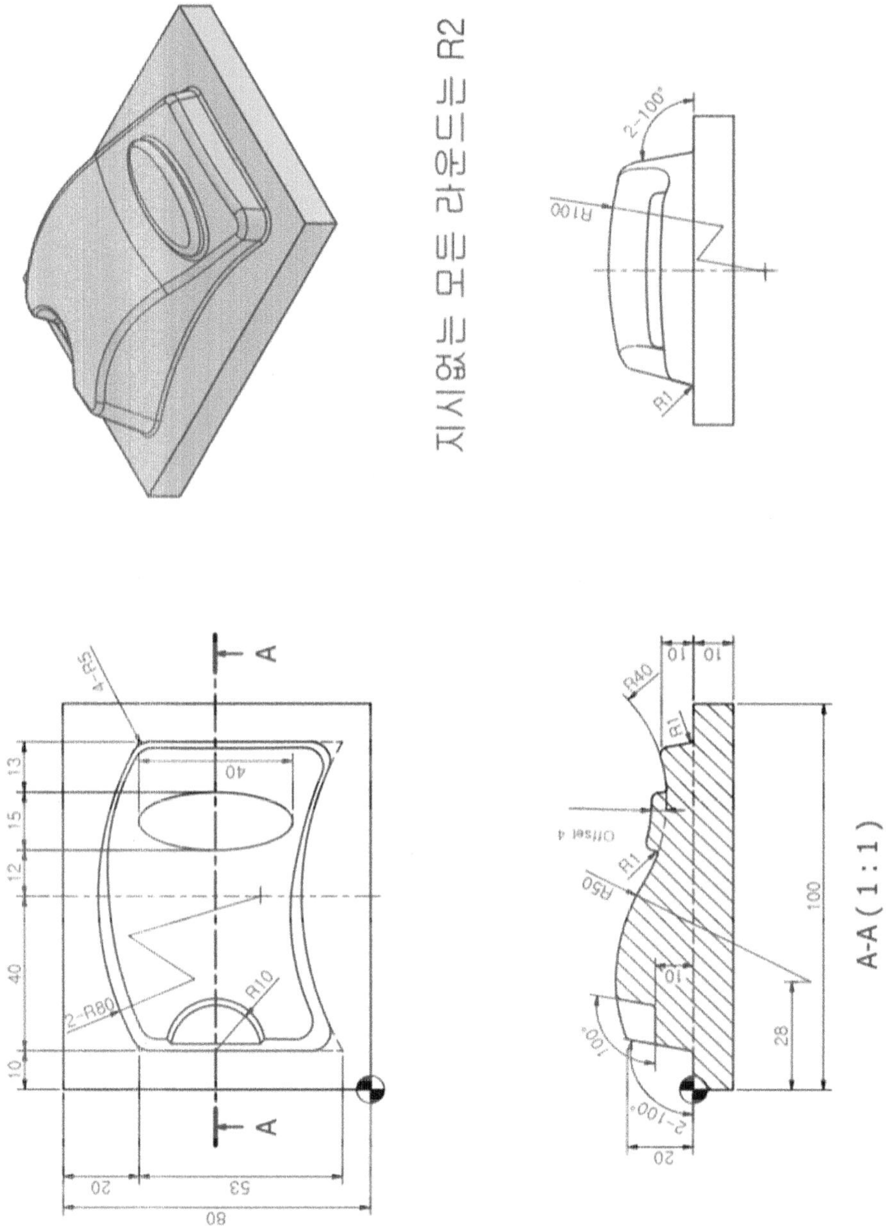

PART Ⅴ

3D 모델링을 활용한 5축 가공

Chapter 6. 5축 가공

PART Ⅴ

Chapter 6. 5축 가공

6.1 블레이드 가공(스파이럴 가공)

1) 부품 가져오기

① 파일 → 가져오기를 클릭하여 부품 파일을 가져온다.

② 포켓의 세부 정보를 볼 수 있도록 모델을 회전한다. (Control+마우스 휠)

2) 가공을 위한 프리폼 피처 생성

① 아래와 같이 프리폼 피처를 생성하도록 한다.

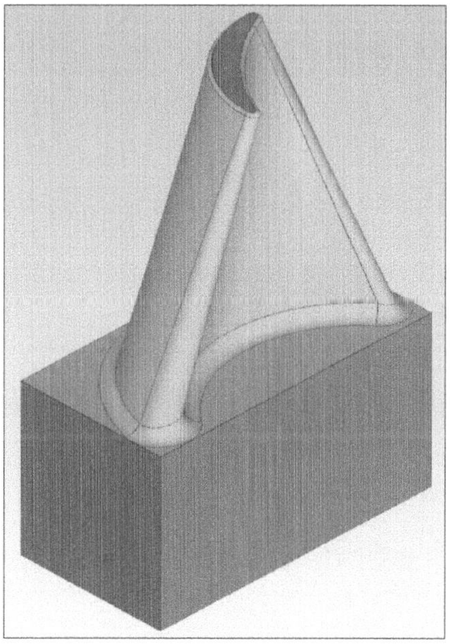

<1 프리폼>

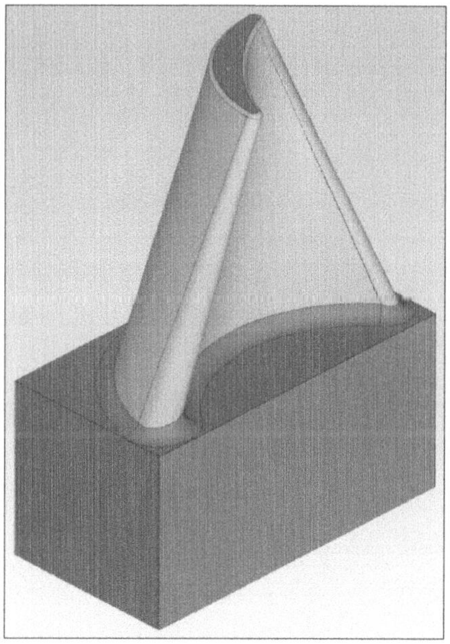

<2 프리폼>

3) 밀링 머신 설정

① 홈 탭에서 머신 셋업 툴바를 선택하여 머신 설정을 한다. 사용할 장비, 바이스,소재 등을 설정한다.

4) Z레벨 황삭 가공

① 피처 관리자에서 "1 프리폼"을 선택한 다음 프리폼 메뉴에서 "Z레벨 황삭"을 선택한다.

② 황삭 가공 설정을 하기 전 상단의 '기본값으로' 아이콘을 클릭한다.

③ 아래와 같이 황삭 가공 설정값을 입력한다.

일반 페이지의 설정값은 아래와 같이 설정하도록 한다.

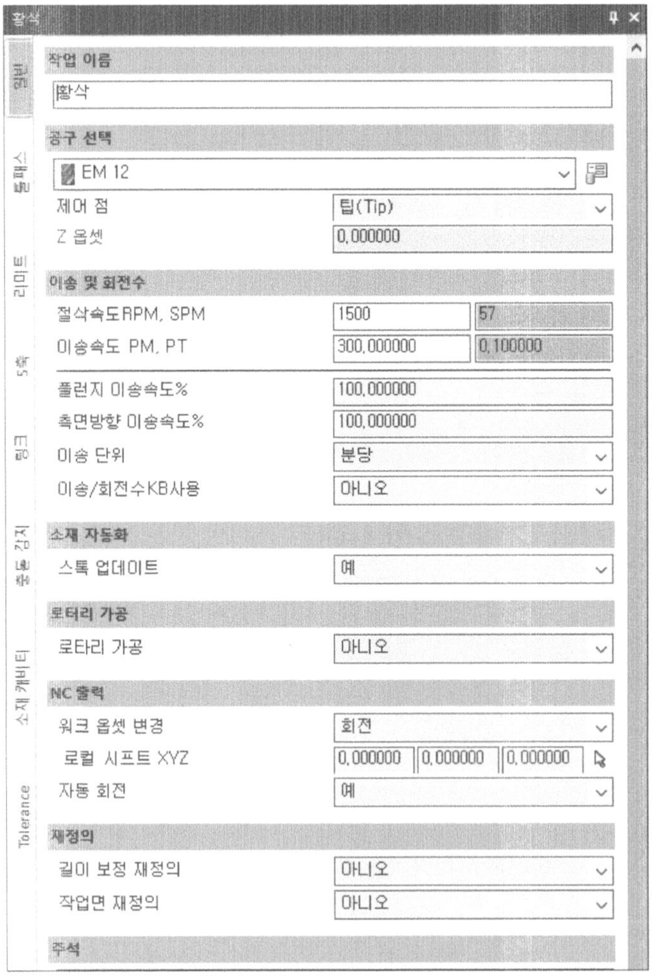

툴패스 페이지의 설정값은 아래와 같이 설정하도록 한다.

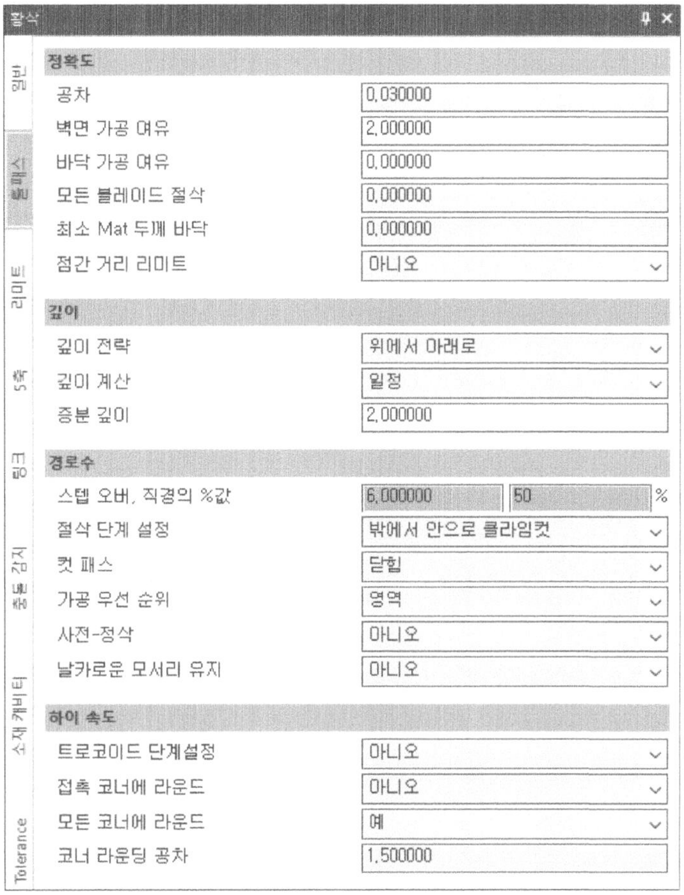

④ 리미트, 5축, 링크, 충돌감지, 소재캐비티, Tolerance 는 변경하지 않는다.

⑤ 확인을 누르고 시뮬레이션을 실행하여 가공 경로 및 형상을 확인한다.

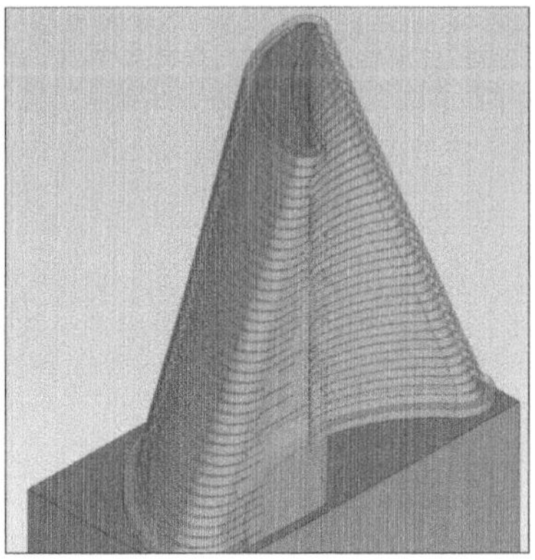

5) 스파이럴 황삭 가공

① 피처 관리자에서 "2 프리폼"을 선택한 다음 프리폼 메뉴에서 "스파이럴 황삭"을 선택한다.

② 황삭 가공 설정을 하기 전 상단의 '기본값으로' 아이콘을 클릭한다.

③ 일반 페이지 설정 : 3축 가공(Z레벨 황삭가공)의 일반페이지를 참고하여 다음과 같이 설정한다.

일반 페이지의 설정값은 아래와 같이 설정하도록 한다.

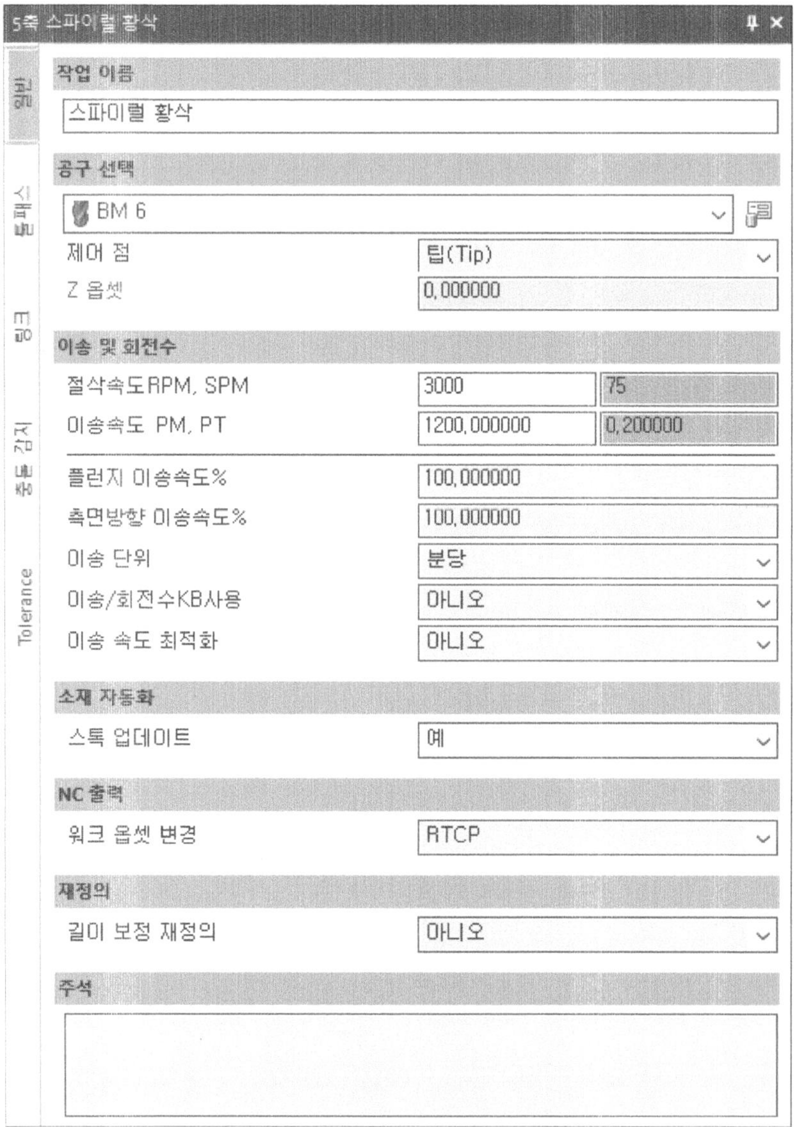

④ 툴패스 페이지 설정

■ 회전 축

- 측면 증분 축 방향 : 공작 기계에서 공작물의 회전축으로 사용할 축을 선택한다.
- A축 회전 : 공작 기계의 회전 방향을 시계 방향(CW) 또는 시계 반대 방향(CCW) 중에서 선택한다.
- 점 / 축 접근 평면 : 축이 있는 평면을 정의하는 정점 또는 점(A)을 선택하거나 좌표를 입력한다. 공구 경로의 시작점은 가공 시작 패스에 따라 이 평면에 위치한다.
- 인라인 각도 : 각도를 입력하면 인라인 각도 측(In-Line Angle Side)에 지정된 방향으로 공구를 기울인다. 공구가 나가는 방향이나 반대로 공구를 각도에 맞게 기울인다.

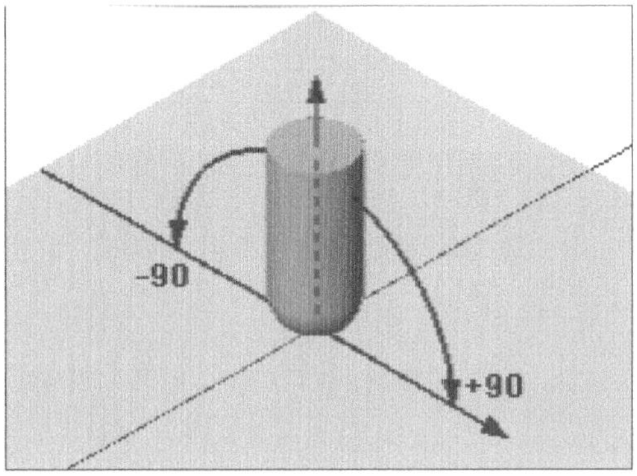

■ 증가 깊이

- 단일 최종 경로 : 블레이드 서피스에 단일 가공 패스를 생성할지 또는 증분 깊이에서 여러 가공 패스를 생성할지 선택한다.
  - ▸ 아니오 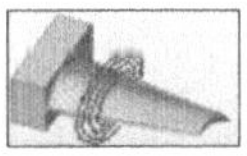 : 공구 경로는 스톡의 외부 표면에서 시작하여 블레이드 표면을 향한 증분 단계로 깊이를 늘린다.
  - ▸ 예 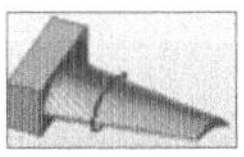 : 블레이드 표면과 접촉하는 최종 패스만 생성한다.
- 가공 단계 : 황삭 가공 패스의 모양을 선택
  - ▸ 동심 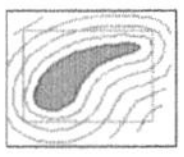 : 각각의 절삭 가공 패스의 형상은 블레이드 표면의 오프셋을 한 형상이다. 가공 패스 사이의 오프셋 값은 일정하다.
  - ▸ 모르프 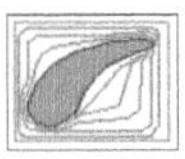 : 가공 패스의 형상은 스톡의 외부 모양에서 최종 모양으로 조정된다.

- 증분 깊이 : 증분 가공 패스 사이의 거리를 입력
- 최대 이송 속도 수정 % : 공구가 재료와 접촉을 하지 않을 때 이송 속도를 증가시킨다. 이송 속도의 기본 증가는 200%이다. 이송 속도를 높이면 절삭 가공 패스가 중단되는 경우 가공 시간이 절약된다.

■ 사이드 증가

- 단일 경로 : 단일 가공 패스를 생성할지 여부를 선택한다.
- 단일 패스 위치 : 정점 또는 점(S)을 선택하거나 단일 패스의 축에 수직인 평면을 정의하는 좌표를 입력한다.
- 최대 패스 거리 : 가공 패스 사이의 최대 거리를 입력 최대 패스 거리 값을 입력하고 Tab 키를 누르면 백분율 값이 자동으로 변경되고, 지름의 % 값을 변경하고 Tab 키를 누르면 최대 통과 거리 값이 자동으로 변경된다.
- 자동 시작 경로 위치
  - 예  : 시스템에서 첫 번째 패스의 위치를 결정한다.
  - 아니오 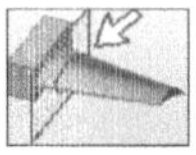 : 사용자가 첫 번째 패스의 위치를 결정한다.
- 자동 끝 경로 위치
  - 예 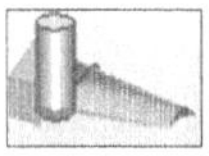 : 시스템에서 마지막 패스의 위치를 결정한다.
  - 아니오 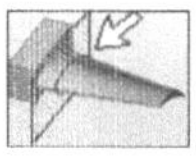 : 사용자가 마지막 패스의 위치를 결정한다.

■ 방향

- 뒤로 회전을 제거 : 블레이드의 오목한 면을 절단하는 동안 C축 회전이 반전되지 않도록 하려면 예로 설정한다.
- 중 제거 %의 비율 : 역방향 회전을 제거하는 대신 줄일지 여부를 선택한다. 이 값을 100% 미만으로 설정하면 뒤로 회전이 완전히 제거되지 않고 줄어든다.

툴패스 페이지의 설정값은 아래와 같이 설정하도록 한다.

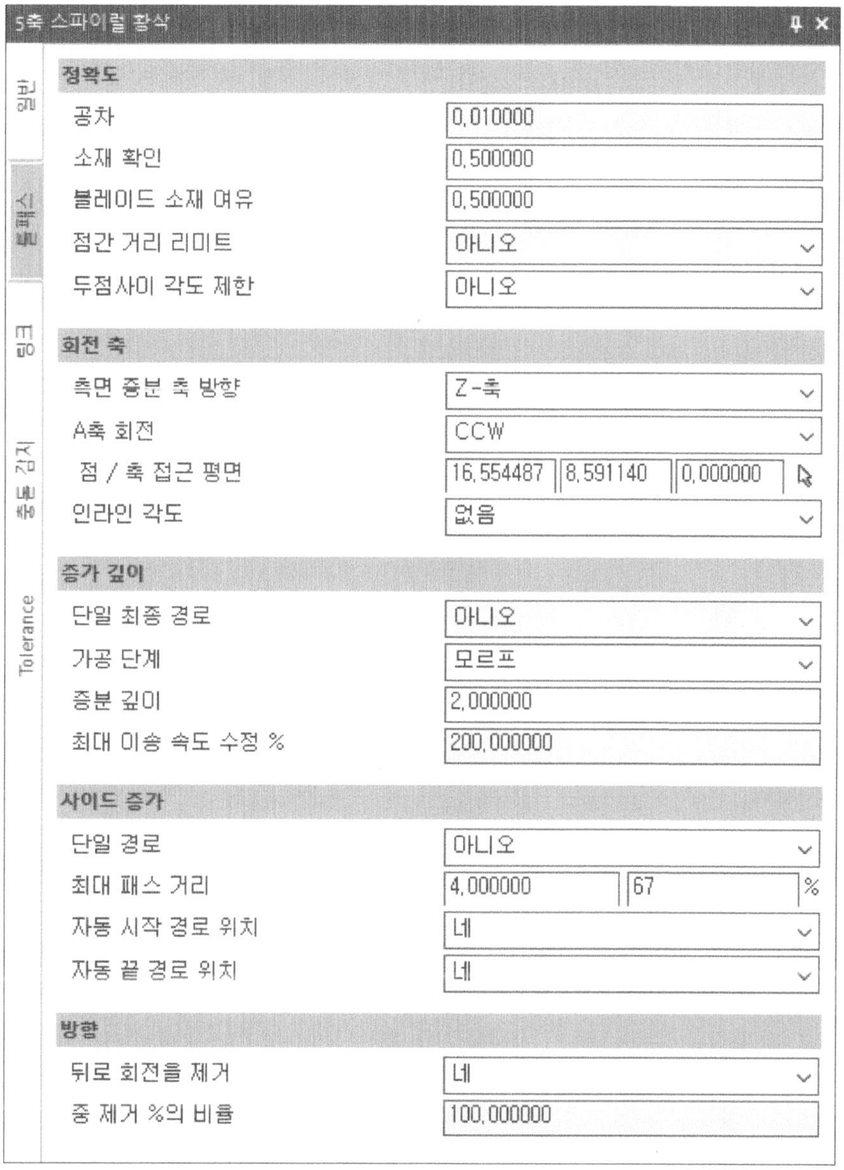

6) 스파이럴 정삭 가공

① 피처 관리자에서 "2 프리폼"을 선택한 다음 프리폼 메뉴에서 "스파이럴 정삭"을 선택한다.

② 정삭 가공 설정을 하기 전 상단의 '기본값으로' 아이콘을 클릭한다.

③ 일반 페이지 설정 다음과 같이 설정한다.

일반 페이지의 설정값은 아래와 같이 설정하도록 한다.

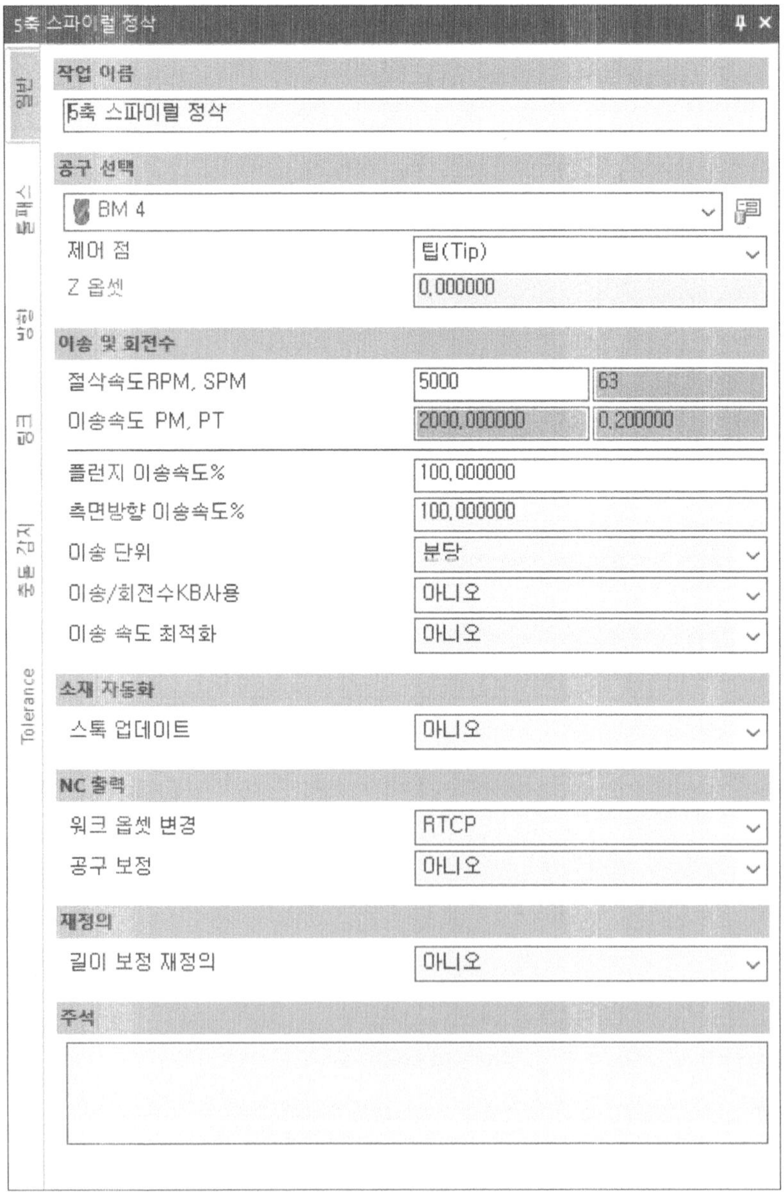

④ 툴패스 페이지 설정

■ 회전 축

- 점간 거리 리미트 : 공구 경로에서 연속된 2개의 점 사이의 거리를 제한할지를 선택한다. 일반적으로 공차가 공구 경로에서 점 사이의 거리를 제어한다.
- 두점사이 각도 제한 : 공구 경로의 연속된 점 사이의 공구 축 각도를 제한할지 여부를 선택한다.
  - 아니오  : 공구 경로에서 점 사이의 각도를 제한하지 않는다.
  - 예  : 두 개의 연속적인 공구 축으로 형성된 각도를 공구 경로의 연속된 점 사이에서 제한한다.
- 공구 축 추적에 편차 한계 : 공구 경로에서 연속된 세그먼트 사이의 각도 편차를 제한할지 여부를 선택한다.
  - 아니오  : 공구 경로 세그먼트 간의 편차를 제한하지 않는다.
  - 예 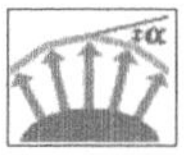 : 특정 거리에서 공구 축 사이의 두 연속 세그먼트 사이에 형성된 각도를 제한한다.

■ 도형

- MidFoil 서피스 사용 : 나선형 가공 패스의 영역을 정의하려면 중간 포일 서피스를 사용할지 또는 자유형 피처에 포함된 부품 요소를 사용할지를 선택한다.
- MidFoil 서피스 : 블레이드의 중간 부분을 정의하는 서피스 또는 솔리드 면을 선택한다.
- 시작 프로파일 : 공구 경로가 시작될 프로파일을 정의하는 체인 피처를 선택한다.
- 엔드 프로파일 : 공구 경로의 끝 프로파일을 정의하는 체인 피처를 선택한다.
- 시작 위치 X, Y, Z : 점 또는 교점을 나선형 공구 경로의 시작점으로 선택한다.
- 루핑 면
  - 예  : 공구 경로는 닫힌 영역 주위를 반복하는 연속 나선형으로, 프리폼 피처에 포함된 파트 요소에 의해 정의된다.
  - 아니오  : 공구 경로는 4면 영역의 모핑된 흐름 패턴으로, 프리폼 피처에 포함된 부품 요소에 의해 정의된다.

- 가공 방향 : 루핑 면이 "예"로 설정된 경우 나선형 컷 가공 패스를 입력 시작점 X, Y, Z에서 시계 방향으로 가공할지 또는 시계 반대 방향으로 가공할지를 선택한다.

■ 경로수

- 패스 위치 :
  - 전체 곡면 : 가공할 전체 영역에 절삭 가공 패스를 생성한다.
  - 시작 끝 위치 : 시작 백분율과 끝 백분율을 정의하여 머시닝할 영역의 일부에 절단 가공 패스를 생성한다.
- 시작Hub Bitangency : 시작 시 공구와 허브 표면 사이의 접촉을 제한할지 여부를 선택한다.
  - 아니오  : 공구가 허브 표면과 접촉 할 수 있습니다. 이로 인해 공구 경로에 원치 않는 중단이 발생할 수 있다.
  - 예  : 공구가 허브 표면과 접촉할 수 없습니다. 이렇게 하면 일반적으로 공구 경로가 더 매끄러워진다.
- 끝Hub Bitangency : 끝에서 공구와 허브 표면 사이의 접촉을 제한할지 여부를 선택한다.
  - 아니오  : 공구가 허브 표면과 접촉 할 수 있습니다. 이로 인해 공구 경로에 원치 않는 중단이 발생할 수 있다.
  - 예  : 공구가 허브 표면과 접촉할 수 없습니다. 이렇게 하면 일반적으로 공구 경로가 더 매끄러워진다.
- 스프링 경로 추가 : 공구 경로에 스프링 가공 패스를 추가할지 여부를 선택한다.
  - 아니오  : 스프링 패스를 추가하지 않는다.
  - 예 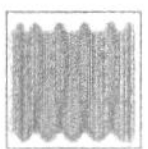 : 공구 경로의 시작과 끝에 스프링 가공 패스를 추가한다.

- 스프링 패스 시작  : 공구 경로의 시작에만 스프링 가공 패스를 추가한다.
- 스프링 패스 끝 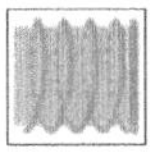 : 공구 경로의 끝에만 스프링 가공 패스를 추가한다.

\- 스파이럴 램프 시작 추가 : 진입 나선형 램프는 램프 각도와 램프 높이를 기준으로 스프링 패스 시작에 추가된다.

\- 단위 계산 : 절삭 가공 패스 사이의 거리를 계산하는 데 사용할 방법을 선택한다.

- 단계 증분 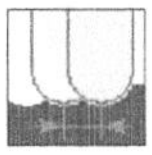 : 가공 패스 사이의 거리를 입력한다.
- 스캘럽 높이  : 절삭 가공 패스 사이의 나머지 재료 두께에 대한 최대 높이를 입력한다.

\- 패스 이동 : 부품 서피스 플로우라인 패턴 재구성의 파라메트릭 커브를 기준으로 가공 패스의 방향을 제어한다.

- 한방향  : 절단 가공 패스의 방향은 부품 표면 흐름선 패턴 재구성의 파라메트릭 곡선과 일치한다.
- 지그재그  : 공구 경로는 공구 재배치 이동을 최소화하기 위해 절삭 가공 패스 사이의 '최소 거리' 기준에 따라 지그재그로 이동한다.

\- 탄젠트 패스 연장 : 열린 가공 패스를 확장할 값을 입력한다.

툴패스 페이지의 설정값은 아래와 같이 설정하도록 한다.

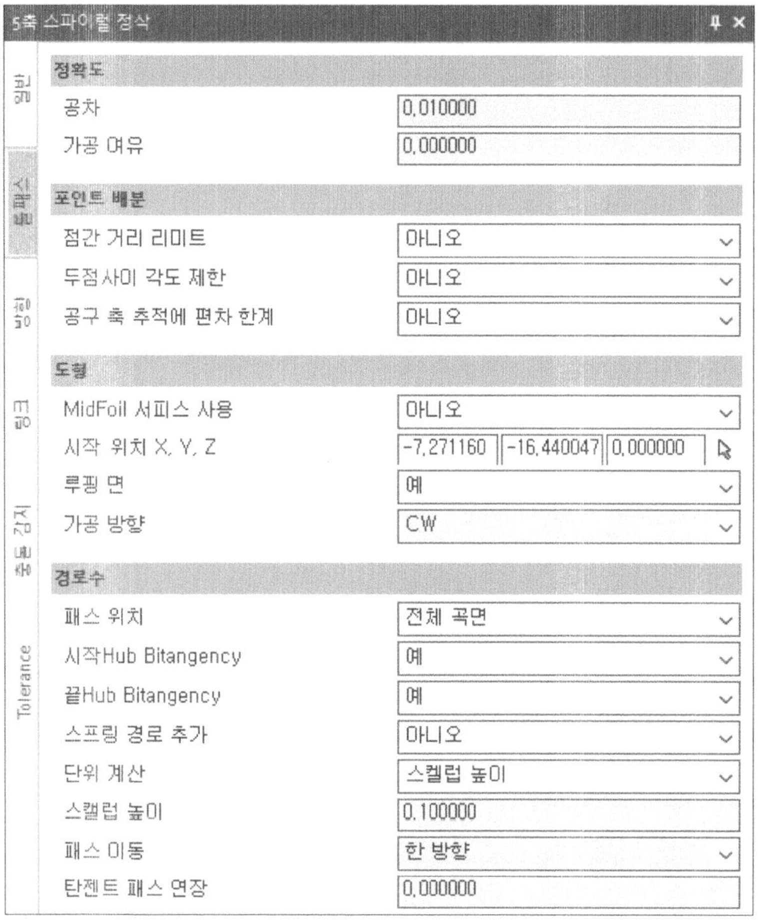

⑤ 방향 페이지 설정

■ 공구 축 위치 확정

- 부품 서피스 스무딩 : 표면의 결함을 자동으로 수정하여 개선되고 부드러운 공구 경로를 제공할지 여부를 선택
  - 균일한 포인트 배열 : 표면의 결함을 최소화하면서 원래 표면에서 시작하여 재구성된다.
  - 동적 포인트 배열 : 공구 경로의 점 사이의 거리는 공차 값과 머시닝할 서피스의 형태에 따라 최대값에서 최소값까지 다양하게 적용한다.
- 스무딩 팩터 [0..1] : 부품 서피스 스무딩이 활성화된 경우 0 에서 1 사이의 계수를 입력할 수 있으며 값이 클수록 표면을 더 매끄럽게 한다.

■ 공구 축 보정

- 인라인 각도 : 각도를 입력하여 인라인 각도 측(In-Line Angle Side)에 지정된 방향으로 공구를 기울인다.
- 크로스 각도 : 각도를 입력하여 교차면에 지정된 방향으로 공구를 기울인다.
- 참조 방향 : 교차면이 왼쪽 또는 오른쪽으로 설정된 경우 크로스 각도를 적용할 때 고려할 방향을 선택한다.
  - 툴패스  : 공구가 공구 경로 인피드 방향에 수직인 횡방향으로 기울어진다.
  - 부품 서피스 파라메트릭 커브  : 공구가 교차 파라메트릭 방향으로 정의된 횡방향으로 기울어진다.

■ 공구 축 구속 조건

- 각도 한계 :
  - 리미트 없음  : 공구 축은 선택한 방향 전략에 의해 정의된 기울기를 자유롭게 가정할 수 있다.
  - ~와 각도 리미트 

 : 공구 경로 계산 중에 공구 축 방향은 지정된 참조 축에 대한 최소 및 최대 각도를 초과하지 않는다.
  - ~와 고정된 각도  : 공구 축은 선택한 참조 축에 대해 고정된 기울기를 유지하여 공구가 지정된 고정 각도로 이동한다.
- 참조 축 : 공구 축의 각도가 제한된 경우 공구 축의 방향에 대한 참조로 사용할 축을 선택한다.
- 최대 각도, 최소 : '각도 리미트'로 설정된 경우 축 제한의 최소 및 최대 각도를 입력한다. 0에서 180 사이의 각도를 입력할 수 있다.

■ 충돌 감지

- 섕크 여유 : 공구의 섕크에 적용될 여유 거리를 입력한다.
- 홀더 여유 : 공구 홀더에 적용될 여유 거리를 입력한다.

■ 오토틸트

- 오토틸트 : 작업에 대해 정의된 공구 축 방향과 충돌이 발생하면 오토틸트는 다른 방향을 시도한다.

방향 페이지의 설정값은 아래와 같이 설정하도록 한다.

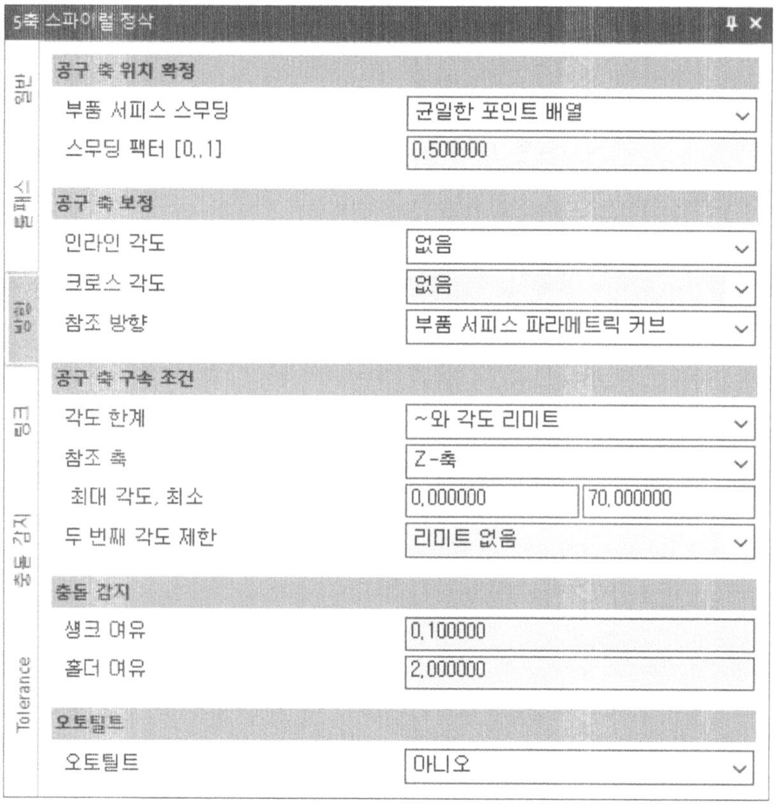

⑥ 시뮬레이션 탭에서 실행 버튼을 눌러 시뮬레이션을 확인한다.

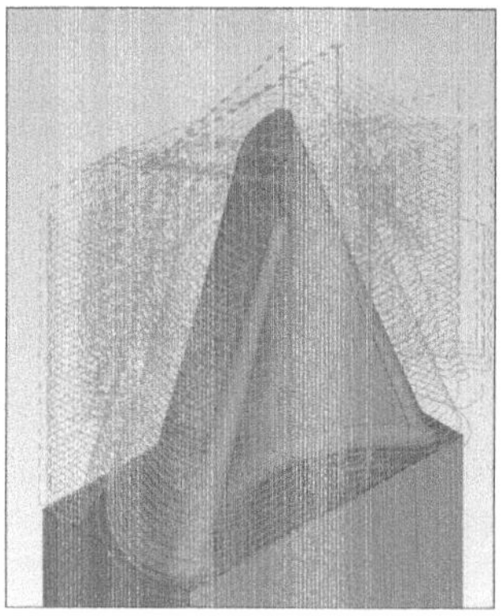
<Z레벨 황삭 툴패스>

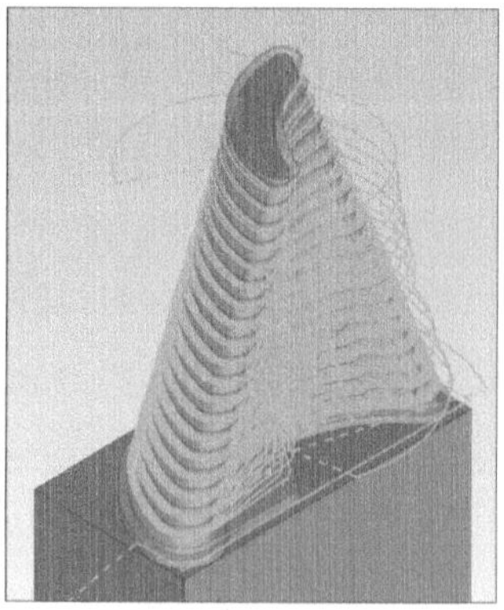
<스파이럴 황삭 툴패스>

<스파이럴 정삭 툴패스>

⑦ NC코드를 출력한다.

6.2 골프공 트로피 가공(스파이럴 가공)

1) 부품 가져오기

① 파일 → 가져오기를 클릭하여 부품 파일을 가져온다.

② 포켓의 세부 정보를 볼 수 있도록 모델을 회전한다. (Control+마우스 휠)

2) 가공을 위한 프리폼 피처 생성

① 아래와 같이 프리폼 피처를 생성하도록 한다.

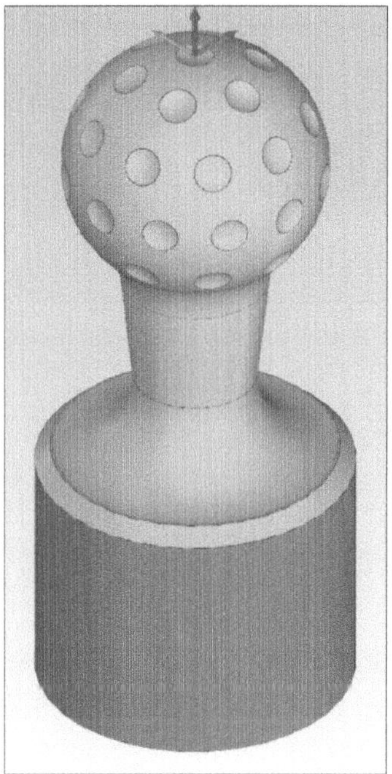

3) 밀링 머신 설정

① 홈 탭에서 머신 셋업 툴바를 선택하여 머신 설정을 한다. 사용할 장비, 바이스, 소재 등을 설정한다.

4) Z레벨 황삭 가공(황삭)

① 피처 관리자에서 "1 프리폼"을 선택한 다음 프리폼 메뉴에서 "Z레벨 황삭"을 선택한다.

② 황삭 가공 설정을 하기 전 상단의 '기본값으로' 아이콘을 클릭한다.

③ 아래와 같이 황삭 가공 설정값을 입력한다.

일반 페이지 설정

- 작업 이름 = 황삭
- 공구 ID = 10mm 평엔드밀
- 절삭속도 RPM = 1200
- 이송속도 PM = 200
- 플런지 이송속도% = 100
- ■ 워크 옵셋 변경 = RTCP

툴패스 페이지 설정

- 공차 = 0.3
- 벽면 가공 여유 = 1
- 바닥 가공 여유 = 1
- 깊이 전략 = 위에서 아래로
- 깊이 계산 = 적응
- 증분 깊이 = 2
- 스텝 오버 = 5
- 절삭 단계 설정 = 복귀 최적화
- 가공 우선 순위 = 영역

리미트 페이지 설정

- 기본값에서 변경 안함

5축 페이지 설정

- 곡선 바닥을 따라 = 예
- 두점사이 각도 제한 = 아니오
- 드라이브 엔티티 유형 = 실린더 외부
- 실린더 이음점 = 0, 0, 0
- 축 시작 점 = 0, 0, 10
- 축 끝 점 = 0, 0, -80
- Z리미트 활성화 = 아니오

링크 페이지 설정

- 기본값에서 변경 안함

④ 확인을 클릭하고 황삭가공 툴패스를 확인한다.

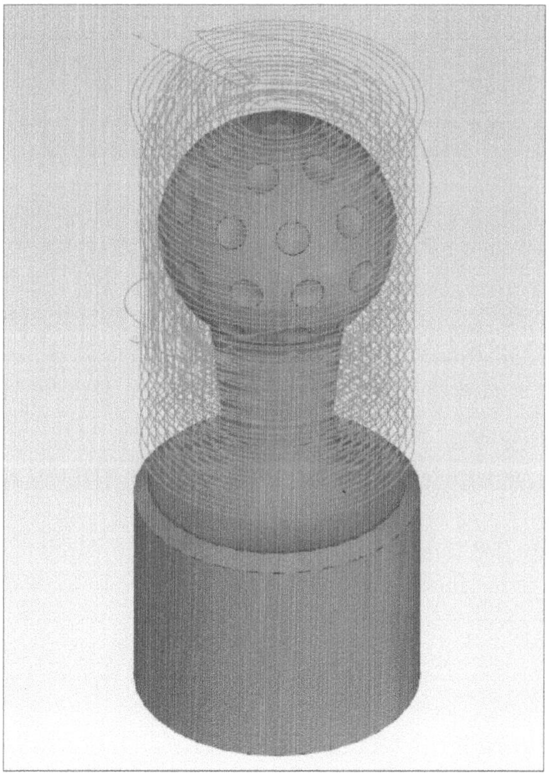

5) Z레벨 황삭 가공(중삭)

① 피처 관리자에서 "1 프리폼"을 선택한 다음 프리폼 메뉴에서 "Z레벨 황삭"을 선택한다.

② 중삭 가공 설정을 하기 전 상단의 '기본값으로' 아이콘을 클릭한다.

③ 아래와 같이 중삭 가공 설정값을 입력한다.

일반 페이지 설정

- 작업 이름 = 중삭
- 공구 ID = 10mm 평엔드밀
- 절삭속도 RPM = 1200
- 이송속도 PM = 200
- 플런지 이송속도% = 100

툴패스 페이지 설정

- 공차 = 0.3
- 벽면 가공 여유 = 0.5
- 바닥 가공 여유 = 0.5
- 깊이 전략 = 위에서 아래로
- 깊이 계산 = 적응
- 증분 깊이 = 2
- 스텝 오버 = 5
- 절삭 단계 설정 = 복귀 최적화
- 가공 우선 순위 = 영역

리미트 페이지 설정

- 기본값에서 변경 안함

5축 페이지 설정

- 곡선 바닥을 따라 = 예
- 두점사이 각도 제한 = 아니오
- 드라이브 엔티티 유형 = 실린더 외부
- 실린더 이음점 = 0, 0, 0
- 축 시작 점 = 0, 0, 10
- 축 끝 점 = 0, 0, -80
- Z리미트 활성화 = 아니오

링크 페이지 설정

- 기본값에서 변경 안함

④ 확인을 클릭하고 중삭가공 툴패스를 확인한다.

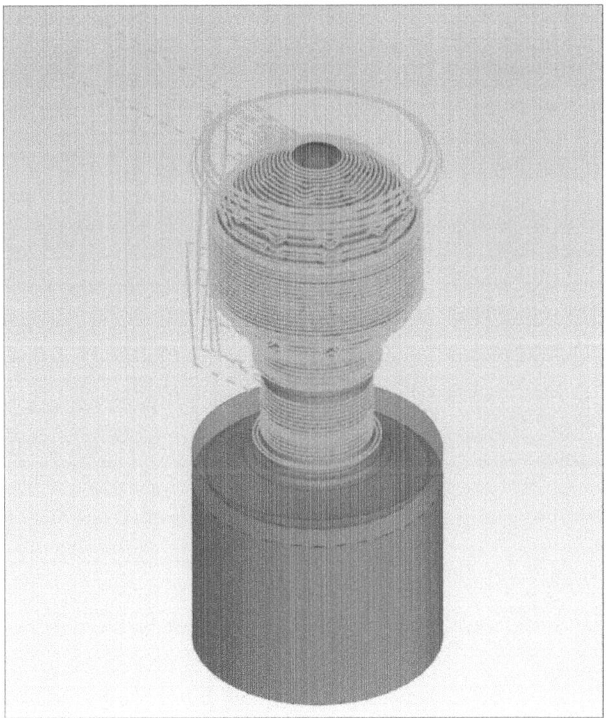

6) 컴포지트 밀링 가공(정삭)

① 피처 관리자에서 "1 프리폼"을 선택한 다음 프리폼 메뉴에서 "컴포지트 밀링"을 선택한다.

② 정삭 가공 설정을 하기 전 상단의 '기본값으로' 아이콘을 클릭한다.

③ 일반 페이지 설정 다음과 같이 설정한다.

일반 페이지의 설정값은 아래와 같이 설정하도록 한다.

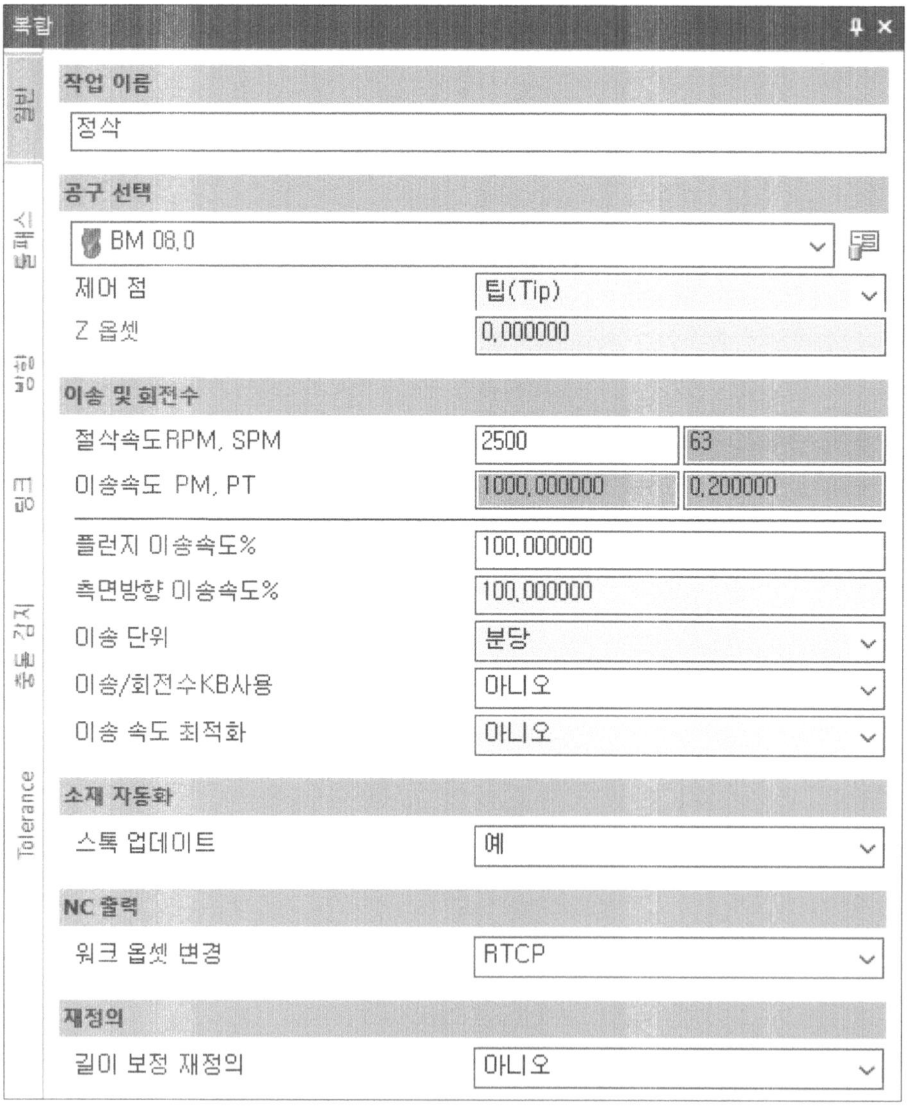

④ 툴패스 페이지 설정

■ 툴패스 패턴

- 가공 패턴 : 머시닝 패턴은 공구 경로의 형상을 정의한다.

  ▸ 파라메트릭 패턴 

  : 선택한 드라이브 서피스의 파라메트릭 커브에서 생성한다.

  ▸ 파라메트릭 패턴 투영 

  : 드라이브 표면의 파라메트릭 선을 모델에 투영하여 생성한다.

  ▸ 나선형 프로젝트 

  : 드라이브 표면의 파라메트릭 선을 사용하여 나선형 패턴으로 커브가 생성되고, 이 곡선이 모델에 투영된다.

  ▸ 교차점에서 평행한 면 

  : 커브는 부품과 평행 평면 세트의 교차로 작성된다. 그런 다음 공구가 해당 곡선을 따라 구동된다.

  ▸ 스파인 커브와 평면 교차 

  : 커브는 부품과 스파인 커브에 수직이고 등거리에 있는 평면 세트와 교차하여 생성된다.

  ▸ Drive Profiles 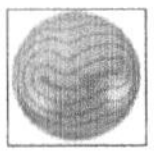

  : Tooplath는 progressive 3D 오프셋 또는 프로파일의 단일 패스에서 생성된다.

  ▸ 윤곽 옵셋 

  : 공구 경로는 부품 표면 경계의 점진적 오프셋에서 생성된다.

- 접근 포인트 사용 : 이 설정을 사용하면 공구 경로의 시작점을 선택할 수 있다. 비활성화하면 시스템이 자동으로 접근 지점을 계산한다.
- 접근 포인트 X,Y.Z : '접근 포인트 사용'을 '예'로 설정한 경우 공구 경로의 시작점으로 점을 선택한다.

■ 경로수

- 공구 위치

‣ 곡선위에 공구 중심 

: 공구의 중심이 공구 축에 지정된 방향을 따라 계산된 머시닝 패턴 커브에 투영되도록 배치된다.

‣ 커브위 접촉점 

: 공구는 공구가 가공 패턴 곡선과 접촉하도록 배치된다. 이 옵션을 사용하면 공구 위치를 잘 제어할 수 있지만 공구가 모델을 터치할 수 있어야 한다.

‣ 패스 이동

‣ 밖에서 안으로 

: 오프셋이 외부 경계에서 시작하여 가공할 영역의 중심을 향해 진행된다.

‣ 안에서 밖으로 

: 오프셋이 내부 경계에서 시작하여 가공할 영역의 바깥쪽을 향해 진행된다.

‣ 대안 

: 오프셋은 내부-외부가 번갈아 가며 계산된다. 아일랜드가 있는 영역 가공에 적합하다.

툴패스 페이지의 설정값은 아래와 같이 설정하도록 한다.

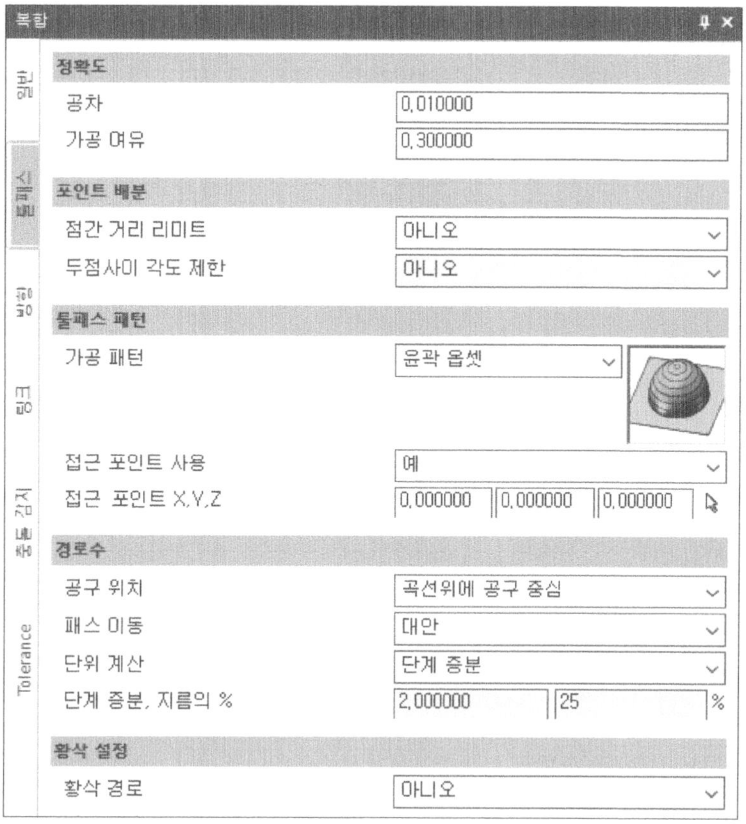

방향 페이지 설정

- 공구축 위치 = 방향 단계설정
- 위치 확정 방법 = 모델쪽으로 법선방향
- 각도한계 = ~와 고정된 각도
- 참조축 = Z-축
- 고정각도 = 60

링크 페이지 설정

- 기본값에서 변경 안함

⑤ 확인을 클릭하고 정삭가공 툴패스를 확인한다.

7) 컴포지트 밀링 가공(마무리 잔삭)

① 피처 관리자에서 "1 프리폼"을 선택한 다음 프리폼 메뉴에서 "컴포지트 밀링"을 선택한다.

② 마무리 가공 설정을 하기 전 상단의 '기본값으로' 아이콘을 클릭한다.

③ 각 페이지 설정 다음과 같이 설정한다.

일반 페이지 설정

- 작업 이름 = 잔삭
- 공구 ID = 4mm 볼엔드밀
- 절삭속도 RPM = 4000
- 이송속도 PM = 2000
- 플런지 이송속도% = 100
- 워크 옵셋 변경 = RTCP

툴패스 페이지 설정

- 공차 = 0.01

- 가공 여유 = 0
- 가공 패턴 = 윤곽 옵셋
- 공구 위치 곡선위에 공구 중심
- 패스 이동 = 대안
- 단위 계산 = 단계 증분
- 단계 증분, 지름의 % = 0.2(5%)

방향 페이지 설정

- 공구축 위치 = 방향 단계설정
- 위치 확정 방법 = 모델쪽으로 법선방향
- 각도한계 = ~와 각도 리미트
- 참조축 = Z-축
- 고정각도 = 80

링크 페이지 설정

- 기본값에서 변경 안함

④ 확인을 클릭하고 중삭가공 툴패스를 확인한다.

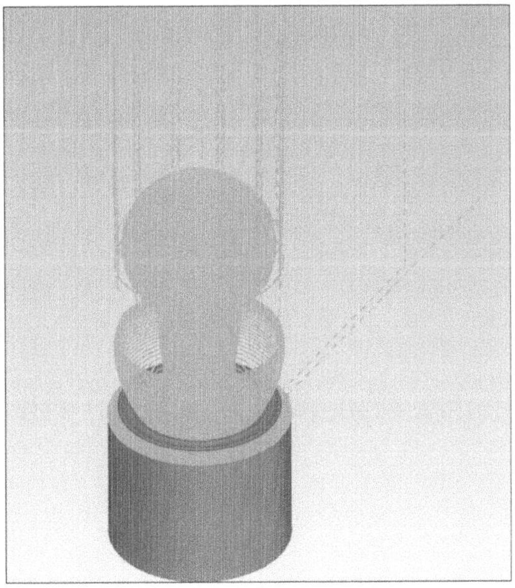

⑤ 시뮬레이션 탭에서 실행 버튼을 눌러 시뮬레이션을 확인한다.

⑥ NC코드를 출력한다.

6.3 임펠러 가공

1) 부품 가져오기

① 파일 → 가져오기를 클릭하여 부품 파일을 가져온다.

② 포켓의 세부 정보를 볼 수 있도록 모델을 회전한다. (Control+마우스 휠)

2) 가공을 위한 프리폼 피처 생성

3) 밀링 머신 설정

① 홈 탭에서 머신 셋업 툴바를 선택하여 머신 설정을 한다. 사용할 장비, 바이스, 소재 등을 설정한다.

4) 공구 생성

① 공구 탭에서 테이퍼 엔드밀을 선택한다.

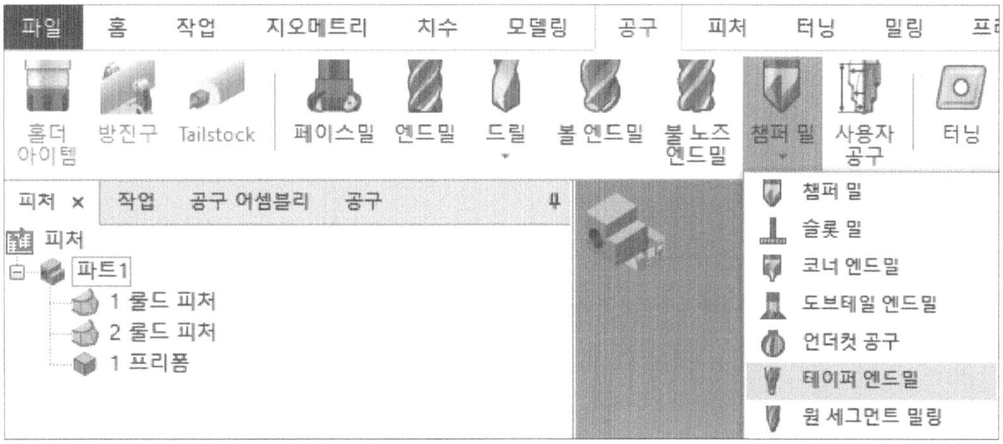

② 아래와 같이 공구를 설정한다.

T01

■ 일반 탭에서 : 도구 ID = B2T5_Finish
: 공구번호 = 2
: 초기 여유 = 150

■ 연장 탭에서 : 홀더직경 = 40
: 전체길이 = 120
: 공구 길이 = 60

■ 섕크 탭에서 : 섕크 직경 = 8
: 절삭 길이 = 50

■ 커터 탭에서 : 공구 직경 = 8
: 공구 반경 = 1
: 테이퍼 각도 = 5
: 팁 직경 = 0
: 날의 수 = 3

T03

- 일반 탭에서 : 도구 ID = B2T6_Finish
  : 공구번호 = 3
  : 초기 여유 = 150
- 연장 탭에서 : 홀더직경 = 40
  : 전체길이 = 120
  : 공구 길이 = 60
- 생크 탭에서 : 생크 직경 = 6
  : 절삭 길이 = 50
- 커터 탭에서 : 공구 직경 = 6
  : 공구 반경 = 1
  : 테이퍼 각도 = 6
  : 팁 직경 = 0
  : 날의 수 = 3

T05

- 일반 탭에서 : 도구 ID = B2.2T4.5
  : 공구번호 = 5
  : 초기 여유 = 150
- 연장 탭에서 : 홀더직경 = 40
  : 전체길이 = 120
  : 공구 길이 = 60
- 생크 탭에서 : 생크 직경 = 6
  : 절삭 길이 = 50
- 커터 탭에서 : 공구 직경 = 6
  : 공구 반경 = 2
  : 테이퍼 각도 = 4.5
  : 팁 직경 = 0
  : 날의 수 = 3

5) 룰드 피처 생성

① 피처 탭에서 룰드 피처를 실행한다.

② 룰드 피처를 생성하기 위한 설정은 다음과 같다.

- 절단면 = 왼쪽
- 부터 인식 = 솔리드 면
- 아래쪽 가장자리 = 가장자리 선 선택
- 면 = 면 선택

✓ 가장자리 선과 면은 아래 이미지를 참고하여 선택하도록 한다.

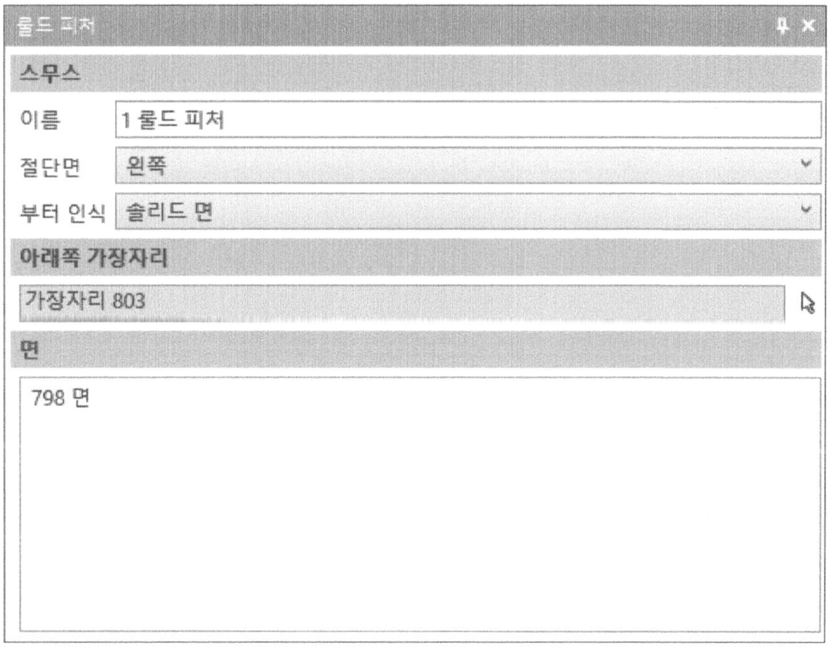

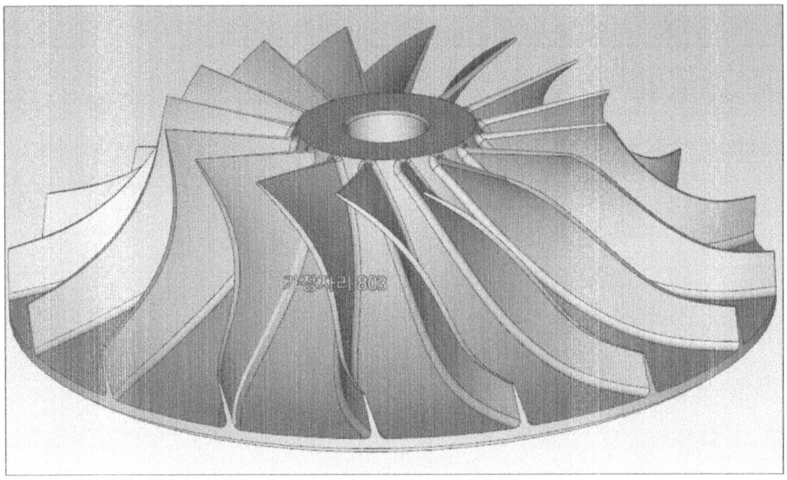

③ 룰드 피처를 추가로 생성하고 절단면을 오른쪽으로 선택하도록 한다. "1 룰드 피처"는 좌측, "2 룰드 피처"는 우측에 생성된 것을 확인한다.

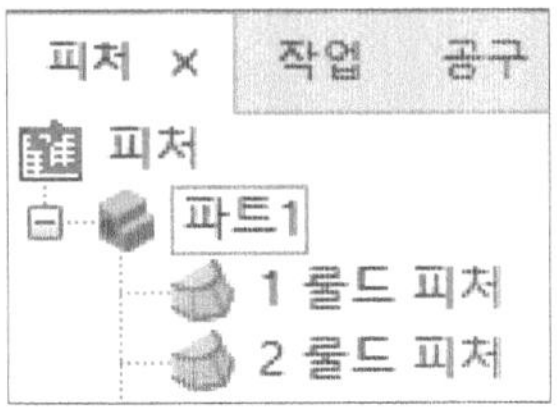

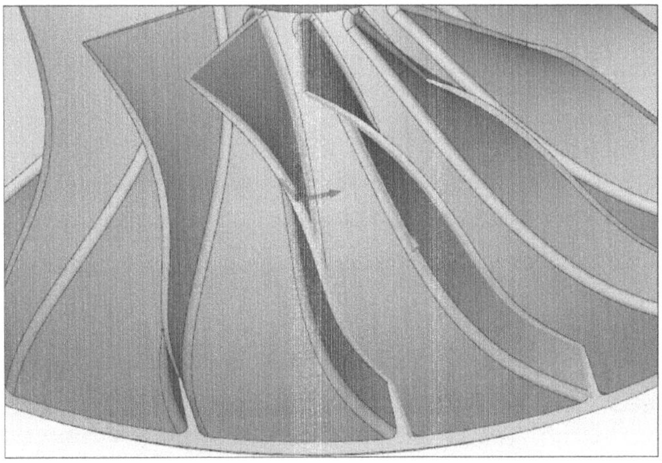

6) 임펠러 가공(황삭)

피처 관리자에서 "1 프리폼"을 선택한 다음 프리폼 메뉴에서 "임펠러"를 선택한다.

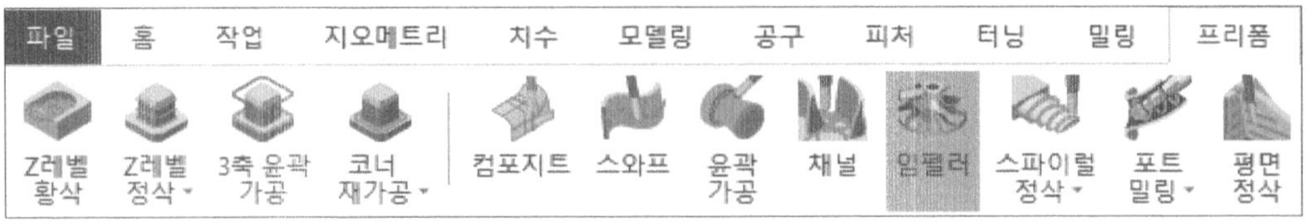

① 황삭 가공 설정을 하기 전 상단의 '기본값으로' 아이콘을 클릭한다.

② 아래와 같이 일반 페이지 설정값을 입력한다.

일반 페이지 설정

- 작업 이름 = Rough_inner pass
- 공구 ID = B2.2T4.5
- 절삭속도 RPM = 12000
- 이송속도 PM = 1800
- 플런지 이송속도% = 100
- 워크 옵셋 변경 = RTCP

③ 툴패스 페이지 설정

- 도형
  - 참조 축 : 임펠러의 회전 축을 정의하는 글로벌 축을 선택한다.
  - 왼쪽 룰드 피처 : 앞서 생성한 왼쪽 룰드 피처(1 룰드 피처)를 선택한다.
  - 오른쪽 룰드 피처 : 오른쪽 룰드 피처(2 룰드 피처)를 선택한다.
  - 스플리터 블레이드 : 분할된 블레이드가 있는 경우 선택한다.
    -  : 아니오  : 예
- 단계설정
  - 임펠러 전략 : 황삭이나 정삭 패스 생성을 선택한다.
    - 5축 황삭 : 황삭 경로를 생성하여 임펠러 블레이드 사이의 재료를 제거한다. 이 옵션을 선택하면 증분 깊이와 증분 가공 패스의 방향에 대한 값을 설정할 수 있다.
    - 황삭 단일 경로 : 블레이드 사이의 영역 중앙에 증분 황삭 가공 패스를 생성한 다음 허브에서 황삭 가공 패스를 생성한다.
    - 황삭 내부 패스 : 중앙 패스 다음에 각 증분 깊이에서 황삭 패스가 뒤따른다는 점을 제외하면 '황삭 단일 경로'와 유사하다.
    - 마무리 : 임펠러 허브에서 마무리 가공 패스를 생성한다.
    - 4축/5축 황삭 : 참조 축이 있는 고정 각도를 포함하여 각도 제한에 대한 값을 설정할 수 있다는 점을 제외하고 '5축 황삭'과 유사하다.

- 황삭 방향 : '임펠러 전략'이 '러프 5축'으로 설정된 경우 증분 깊이 적용 방법을 선택한다. '4축/5축 황삭' 전략을 사용하면 항상 모프 모드에서 증분 깊이가 적용된다.
    - 탑다운 : 블레이드의 '상단 모서리'에 평행한 가공 패스를 생성
    - 바닥에서 위로 : 임펠러 허브(바닥)의 바닥 서피스에 평행한 가공 패스를 생성한다.
    - 모르프 : 블레이드의 위쪽 및 아래쪽 모서리에 맞게 조정되는 가공 패스를 생성한다.
- 중심 경로 깊이 증가
  : '임펠러 전략'이 '황삭 단일 경로' 또는 '황삭 내부 패스'로 설정된 경우 블레이드 사이의 영역 중앙에 증분 패스의 깊이를 입력
- 센터 패스 이동 : '임펠러 전략'이 '황삭 단일 경로' 또는 '황삭 내부 패스'로 설정된 경우 공구 이동을 한 방향으로만 제한할지 또는 공구가 앞뒤로 이동하도록 허용할지 선택한다.
    - 한방향  : 공구는 센터 패스를 절단 할 때만 한 방향으로 이동한다.
    - 지그재그  : 공구는 중앙 가공 패스를 따라 앞뒤로 움직인다.
- 재가공 리미트 : 황삭 가공 패스를 생성할 위치를 선택한다.
    - 모두  : 가공할 전체 영역에 절삭 가공 패스를 생성한다.
    - 최대 옵셋 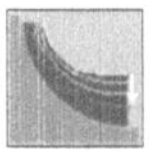 : 지정된 엔드 비율 또는 엔드 옵셋 값으로 가공할 영역의 시작부터 가공 패스를 생성한다.
    - 시작 옵셋부터  : 지정된 시작 비율 또는 시작 옵셋 값에서 가공할 영역 끝까지 가공 패스를 생성한다.
    - 시작 및 끝 옵셋 사이 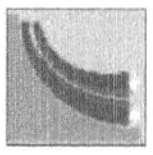 : 시작/끝 비율 또는 시작/끝 옵셋 값을 정의하여 머시닝할 영역의 일부에 가공 가공 패스를 생성한다.
- 모든 블레이드 절삭
    - 아니오 : 선택한 눈금선 피처에 의해 정의된 왼쪽 블레이드와 오른쪽 블레이드 사이의 영역에만 공구 경로를 생성한다.
    - 예 : '블레이드 수(Number of Blades)' 값으로 정의된 모든 블레이드 사이에 공구 경로를 생성한다.

- 자동 허브 정의 : '임펠러 전략'이 '4축/5축 황삭'으로 설정된 경우 시스템이 제거할 재료의 양을 제한하는 하부 표면을 자동으로 결정할지 여부를 선택한다.
    - 예 : 시스템에서는 자유형 피처의 부품 섹션에 지정된 허브 서피스가 제거할 재료의 하한이기도 하다고 가정한다.
    - 아니오 : 시스템은 선택한 프로파일(허브 프로파일)을 참조 축을 중심으로 회전하여 허브 표면을 생성한다.
- 자동 덮개 정의 : '임펠러 전략'이 '4축/5축 황삭'으로 설정된 경우 제거할 재료의 양을 제한하는 상부 표면을 시스템이 자동으로 결정할지 여부를 선택한다.

■ 툴패스 패턴

- 리버스 절삭 방향 : 가공 패스의 방향을 반전할지 여부를 선택한다. 임펠러 사이클에서 공구는 주 절삭 방향(U 또는 V)을 따른다.
    - 예 : 첫 번째 슬라이싱 평면에서 다음 슬라이싱 평면까지의 부품을 보면 볼록 형상은 시계 방향으로 머시닝되고 오목 형상은 시계 반대 방향으로 머시닝된다.
    - 아니오 : 첫 번째 슬라이싱 평면에서 다음 슬라이싱 평면까지의 부품을 보면 볼록 지오메트리는 시계 반대 방향으로 머시닝되고 오목 지오메트리는 시계 방향으로 머시닝된다.
- 리버스 스텝 오버 방향 : 스텝오버 방향을 반전할지 여부를 선택한다.
- 패스 이동 : 가공 패스 이동(Pass Movement)은 서피스의 파라메트릭 커브를 기준으로 가공 패스의 방향을 제어한다.
    - 지그재그  : 공구 재배치 이동을 최소화하기 위해 절삭 가공 패스 사이의 '최소 거리' 기준을 따른다.
    - 안에서 밖으로 한방향  :
    - 공구가 드라이브 서피스 반대쪽의 선행 파라메트릭 커브 사이를 번갈아가며 사용할 수 있다.
- 모서리 주변으로 말기 : 공구가 임펠러 블레이드의 선행 또는 후행 가장자리 주위에서 롤링을 허용할지 여부를 선택한다.
    - 아니오  : 공구가 블레이드 가장자리 주위를 롤링하지 않는다.
    - 예  : 공구는 블레이드의 앞뒤 가장자리를 롤링한다.

- 리드 모서리만  : 공구는 위쪽(앞) 가장자리 주위에서만 롤링한다.
- 트레일 모서리만  : 공구는 아래쪽(후행) 가장자리 주위에서만 롤링한다.

툴패스 페이지 설정

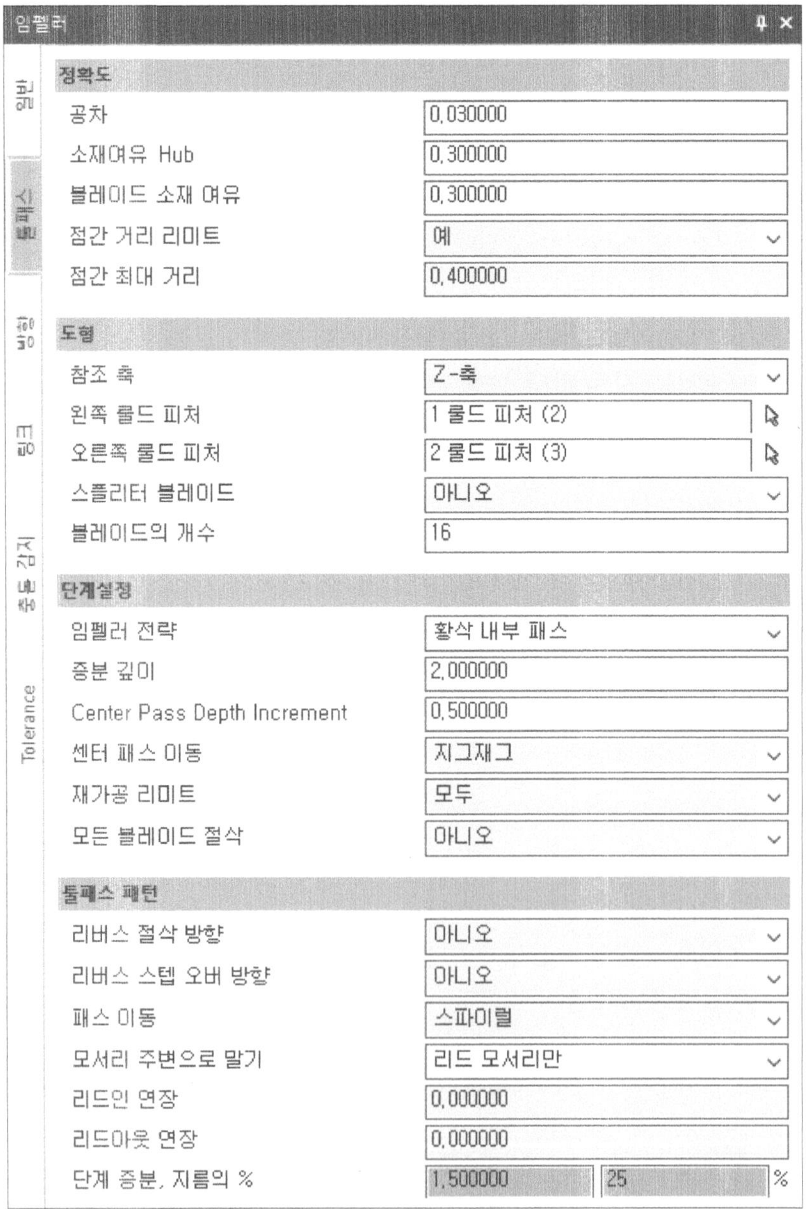

④ 나머지 페이지의 설정값은 기본값을 적용한다.

⑤ 확인을 클릭하고 황삭가공 툴패스를 확인한다.

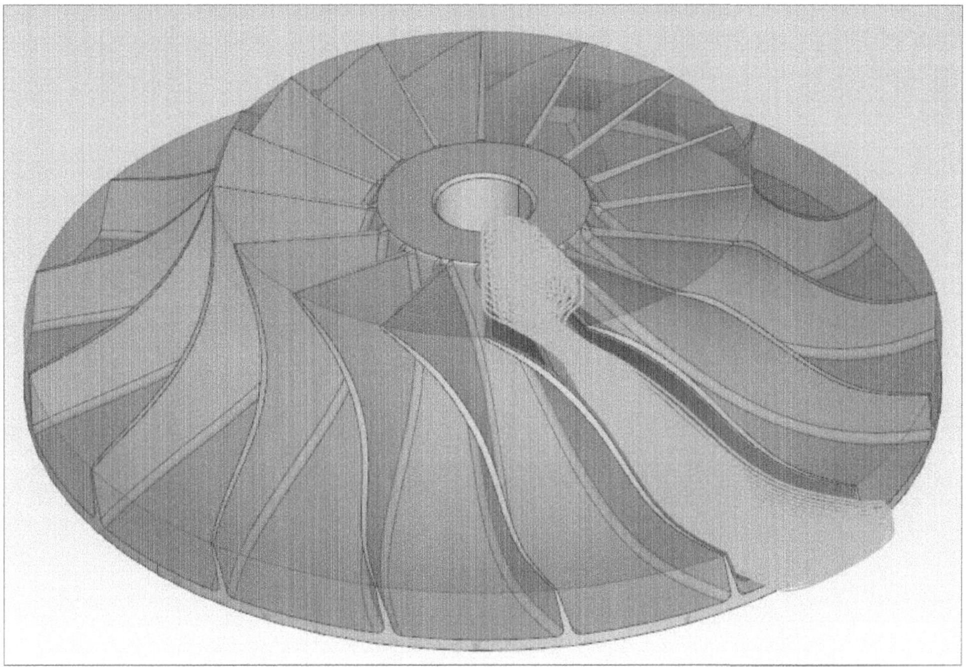

✓ 툴패스 페이지에서 "모든 블레이드 절삭"을 "예"로 선택하면 모든 블레이드의 툴패스 경로를 확인할 수 있다.

7) 임펠러 가공(정삭)

피처 관리자에서 "1 프리폼"을 선택한 다음 프리폼 메뉴에서 "임펠러"를 선택한다.

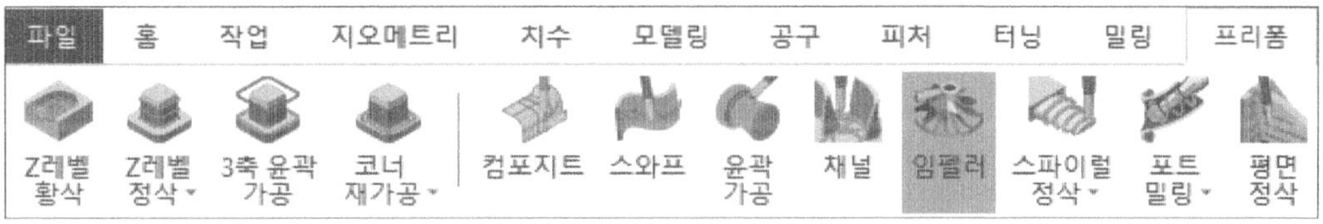

① 정삭 가공 설정을 하기 전 상단의 '기본값으로' 아이콘을 클릭한다.

② 다음을 참고하여 일반/툴패스 페이지의 설정값 입력한다.

일반 페이지 설정

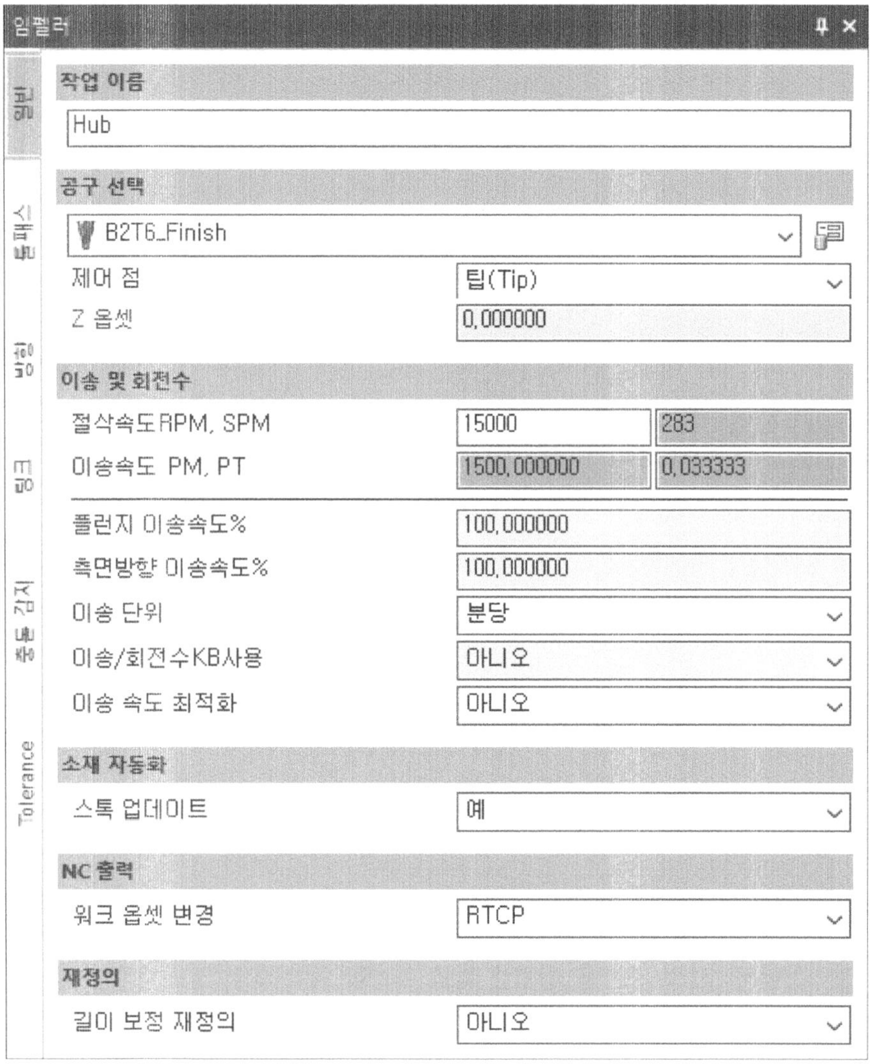
임펠러
일반
툴패스
방향
링크
충돌 감지
Tolerance
작업 이름
Hub
공구 선택
B2T6_Finish
제어 점
팁(Tip)
Z 옵셋
0.000000
이송 및 회전수
절삭속도RPM, SPM
15000
283
이송속도 PM, PT
1500.000000
0.033333
플런지 이송속도%
100.000000
측면방향 이송속도%
100.000000
이송 단위
분당
이송/회전수KB사용
아니오
이송 속도 최적화
아니오
소재 자동화
스톡 업데이트
예
NC 출력
워크 옵셋 변경
RTCP
재정의
길이 보정 재정의
아니오

툴패스 페이지 설정

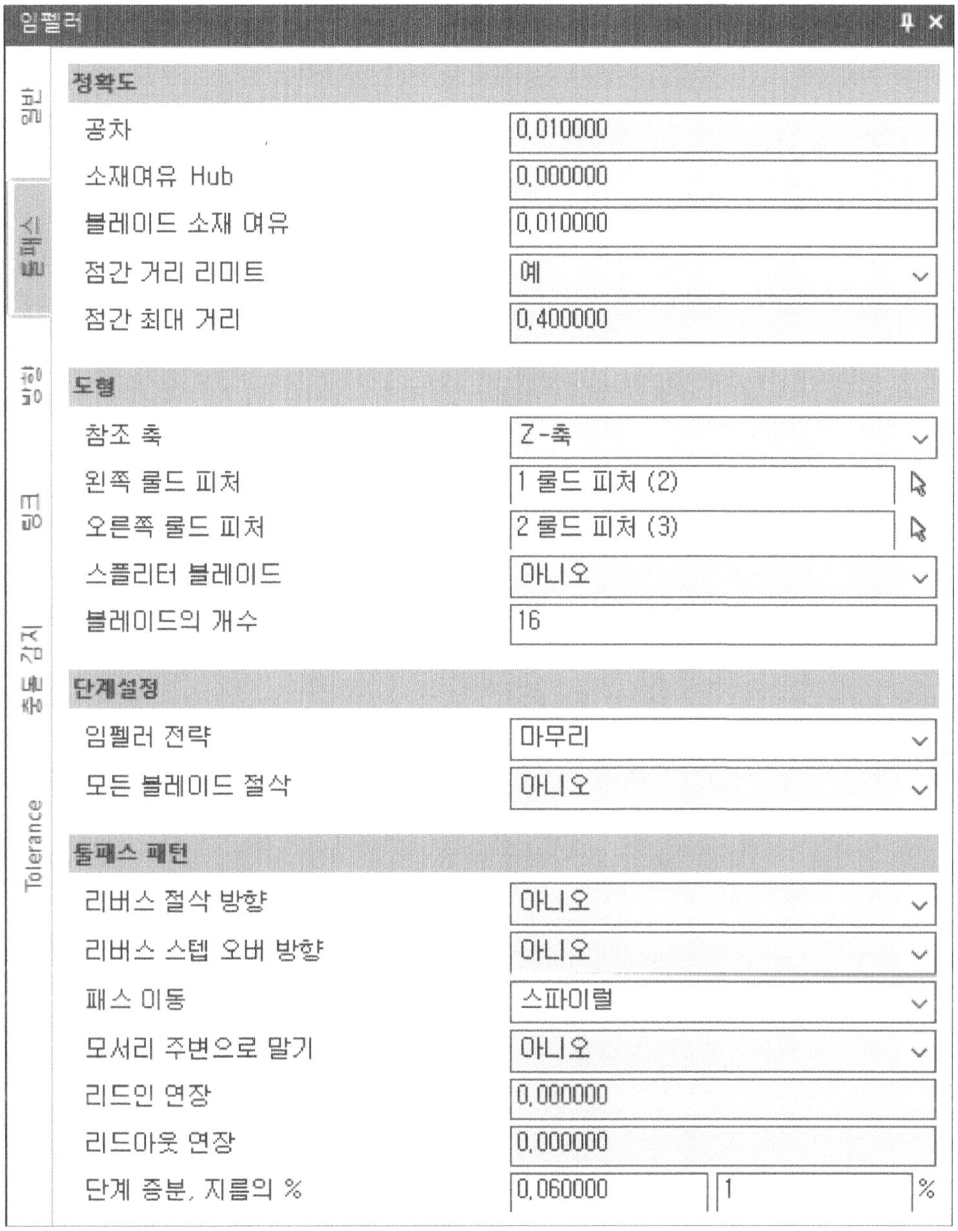
임펠러
일반
툴패스
방향
링크
충돌 감지
Tolerance
정확도
공차
0,010000
소재여유 Hub
0,000000
블레이드 소재 여유
0,010000
점간 거리 리미트
예
점간 최대 거리
0,400000
도형
참조 축
Z-축
왼쪽 룰드 피처
1 룰드 피처 (2)
오른쪽 룰드 피처
2 룰드 피처 (3)
스플리터 블레이드
아니오
블레이드의 개수
16
단계설정
임펠러 전략
마무리
모든 블레이드 절삭
아니오
툴패스 패턴
리버스 절삭 방향
아니오
리버스 스텝 오버 방향
아니오
패스 이동
스파이럴
모서리 주변으로 말기
아니오
리드인 연장
0,000000
리드아웃 연장
0,000000
단계 증분, 지름의 %
0,060000
1
%

③ 확인을 클릭하고 정삭가공 툴패스를 확인한다.

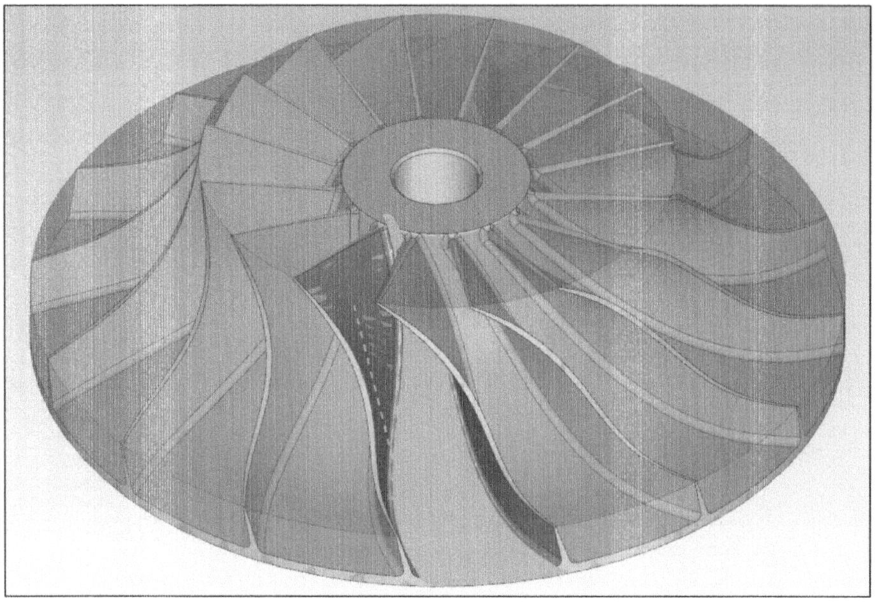

8) 프리폼 피처 & 체인 생성

① 아래와 같이 프리폼 피처를 생성하도록 한다.

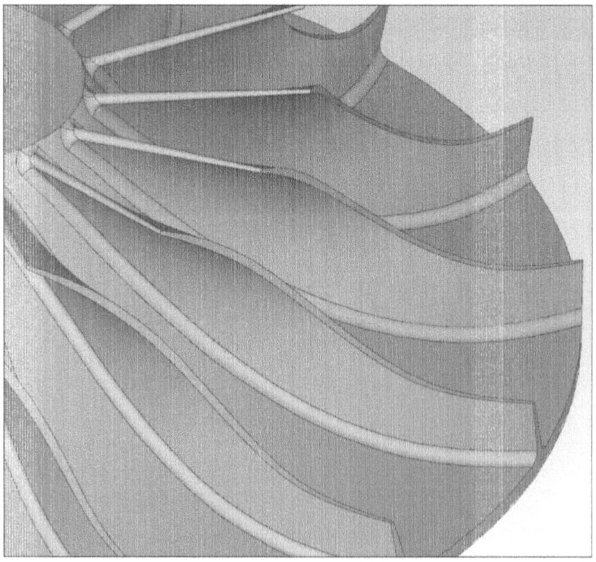

② 블레이드의 상단면에서 다음과 같이 가장자리를 선택하여 자동 체인을 생성한다.

< 1 연결 >

< 2 연결 >

9) 스와프 가공(블레이드 가공)

피처 관리자에서 "2 프리폼"을 선택한 다음 프리폼 메뉴에서 "스와프"를 선택한다.

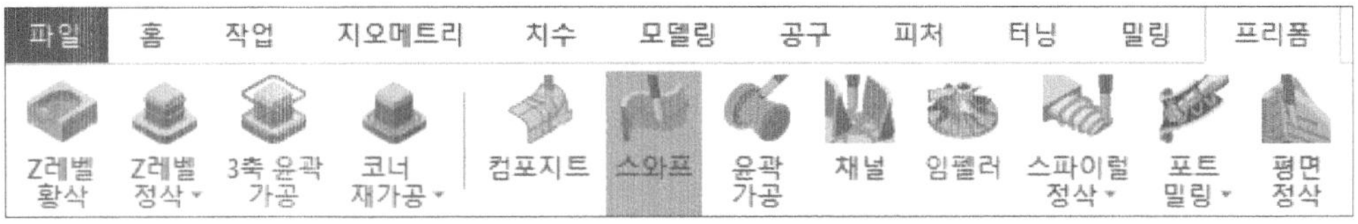

① 가공 설정을 하기 전 상단의 '기본값으로' 아이콘을 클릭한다.

② 아래와 같이 일반 페이지 설정값을 입력한다.

일반 페이지 설정

- 작업 이름 = Blade
- 공구 ID = B2T6_Finish
- 절삭속도 RPM = 10000
- 이송속도 PM = 200
- 플런지 이송속도% = 100
- 워크 옵셋 변경 = RTCP

③ 툴패스 페이지 설정

■ 공구 위치

- 스와프 입력 : 상위 및 하위 프로파일을 정의하는 방법을 선택한다.
  - 프로필 : 두 개의 체인 피처는 절단할 벽의 상부 및 하부 프로파일을 정의한다.
  - 룰드 피처 : 상위 및 하위 프로파일을 정의하며 두 프로파일 간에 공구를 동기화하기 위한 일치선도 포함한다.
  - 프리폼 파트 : 위쪽 및 아래쪽 프로파일의 시작점과 끝점만 정의한다.
- 상부 프로파일 : 스와프 입력이 프로필로 설정된 경우 절단할 벽의 상단 프로파일을 정의하는 체인 피처를 선택한다. 상부 및 하부프로파일은 모델에 있어야하며 피처의 방향에 따라 절단면이 결정된다.
- 하부 프로파일 : 절단할 벽의 하단 프로파일을 정의하는 체인 피처를 선택한다.
- 벽 무시 : 상부 프로파일과 하부 프로파일 사이의 대상 서피스를 무시할지 여부를 선택한다.
- 바닥에서 정지
  - 바닥에서 멈춤 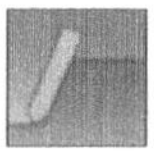 :공구가 바닥 표면에 도달하면 공구가 멈춘다. 정삭 여유량 값을 입력하여 머시닝이 완료된 후 바닥에 남아있는 여유값을 지정할 수 있다.
  - 하단 프로파일  : 공구는 상부 프로파일과 하부 프로파일 사이에 구성된 표면을 완전히 가공하기 위해 하부 프로파일을 기준으로 축을 따라 자동으로 이동한다.
  - 상단 프로파일 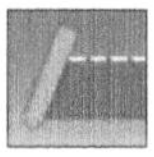 : 공구는 상부 프로파일과 하부 프로파일 사이에 구성된 표면을 완전히 가공하기 위해 상부 프로파일을 기준으로 축을 따라 자동으로 이동한다.
  - 룰드에 수직 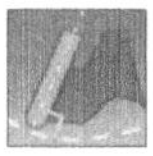 : 공구 팁은 궤적을 따라 급강하 이동으로 운동으로 위아래 공구축 이동을 강제로 제거한다. 공구 축은 이송 방향에 수직이며 "변형"곡선을 따라 이동한다.
  - 자동 커브 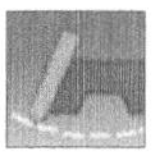 : 공구 팁은 공구 축을 이송 방향에 최대한 수직으로 유지하기 위해 계산된 곡선을 따른다. 커브의 위치는 상부 프로파일과 하부 프로파일 사이에 구성된 표면을 완전히 가공하기 위해 계산된다.

- 자동 평면 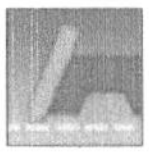 : 공구 팁은 공구 축을 이송 방향에 최대한 수직으로 유지하기 위해 계산된 평면을 따른다. 자동 평면의 위치는 상부 프로파일과 하부 프로파일 사이에 구성된 표면을 완전히 가공하기 위해 계산된다.

■ 측면 옵셋 : 공구를 피처의 왼쪽 또는 오른쪽의 어느 방향으로 옵셋할지를 선택한다.

- 절삭 방향 :
  - 왼쪽  : 공구가 피처의 왼쪽으로 오프셋된다.
  - 오른쪽  : 공구가 피처의 오른쪽으로 오프셋된다.
- 측면 증가 : 벽에서 옵셋을 다중 가공 패스를 생성할지 여부를 선택한다.
  - 아니오 : 단일 절단 가공 패스가 생성된다.
  - 예 : 측면 가공 패스가 지정된 '횡적 가공 패스 증분' 값으로 생성된다.

툴패스 페이지 설정

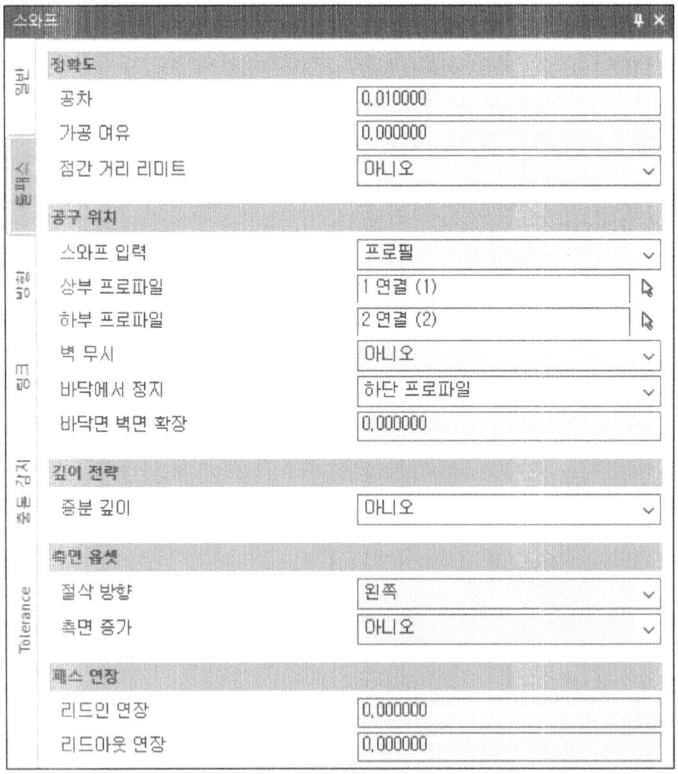

④ 방향 페이지 설정

■ 방향

- 프로파일 동기화 : 프로파일 동기화는 상위 프로파일과 하위 프로파일이 동기화되는 방식을 제어한다.

  ▸ 룰드 매치 라인 사용 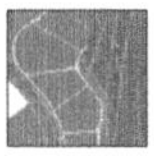

  : 2개의 매치 라인 사이에서 공구는 일정한 속도로 이동하여 상단 및 하단 프로파일에서 동시에 다음 매치 라인에 도달한다.

  ▸ 하부 커브에 수직으로 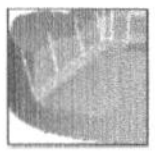

  : 일치선은 두 프로파일을 연결하는 세그먼트와 함께 가장 낮은 프로파일에 수직으로 계산된다.

  ▸ 축 주변으로 방사상 

  : 일치선은 주어진 참조 축에 대해 방사형인 2개의 프로파일(참조 축을 통과하는 평면과 2개의 프로파일의 교차점에 의해 생성된 세그먼트) 사이에서 계산된다.

  ▸ 축에 수직으로 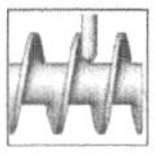

  : 일치선은 주어진 참조 축에 수직인 평면에 있는 2개의 프로파일 사이에서 계산된다.

  ▸ 축과 각도를 고정 

  : 공구 축은 기준 축을 통과하고 지정된 값의 고정 각도를 형성하는 동안 하부 프로파일과의 접촉을 유지한다.

  ▸ 면 모서리 동기화 

  : 입력 커브는 위쪽 및 아래쪽 프로파일이거나, 괘선 피쳐를 선택한 경우 일치선을 포함하지 않는다.

  ▸ 최상의 적합성을 위해 TA 조정 

  : 시스템은 모든 표면을 분석하여 서피스가 눈금선되지 않은 경우 서피스를 자동으로 생성한다.

- 참조 축 동기화 : 프로파일 동기화가 "축 주변으로 방사상" 또는 "축에 수직으로" 설정된 경우 상위 프로파일과 하위 프로파일 간의 일치선 동기화를 위한 축을 선택한다.
- 맞춤 사용 : 프로파일 동기화가 "면 모서리 동기화"으로 설정된 경우 시스템에서 알고리즘을 사용하여 머시닝된 표면에 남아있는 잔여 소재를 최소화하기 위해 최상의 공구 축 방향을 자동으로 찾도록 할지를 선택한다.
- 공구 방향 뒤집기 : 기본적으로 공구의 하단은 하단 프로파일 면에 있고 공구 홀더는 상단 프로파일 면에 있다. 공구 방향 반전을 예로 설정하여 공구 방향을 반전시킨다.
- 초기 축 방향 :프로파일 동기화가 최적 맞춤을 위해 TA 조정으로 설정된 경우 상단 및 하단 프로파일의 길이가 다른 경우에도 공구 경로의 시작 부분에서 공구 방향을 제어하는 방법을 선택한다.
- 최종 축 방향 : 프로파일 동기화가 최적 맞춤을 위해 TA 조정으로 설정된 경우 상단 및 하단 프로파일의 길이가 다른 경우에도 공구 경로 끝에서 공구 방향을 제어하는 방법을 선택한다.
- 공구 축 스무딩 : 프로파일 동기화가 괘선 일치선 사용 또는 최적 맞춤을 위해 TA 조정으로 설정된 경우 이 옵션을 활성화하면 서피스가 오목에서 볼록으로 변경되는 영역에서 공구 경로를 매끄럽게 할 수 있다.

방향 페이지 설정

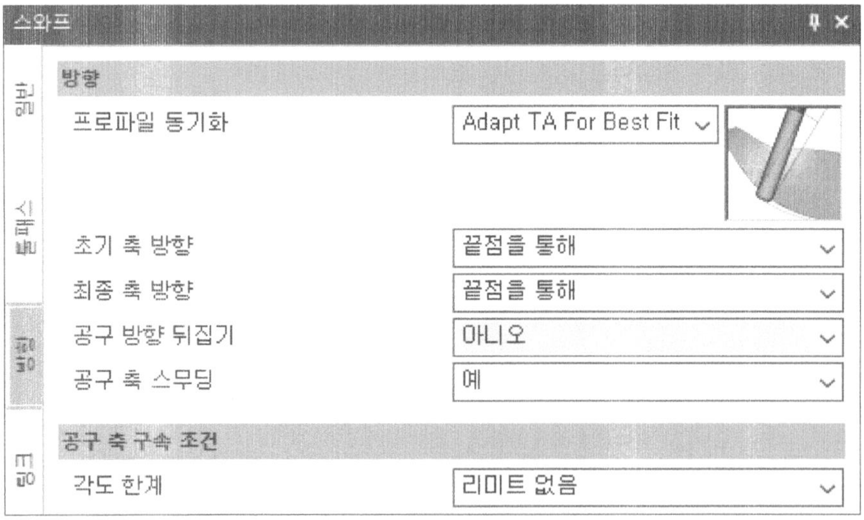

⑤ 확인을 클릭하고 황삭가공 툴패스를 확인한다.

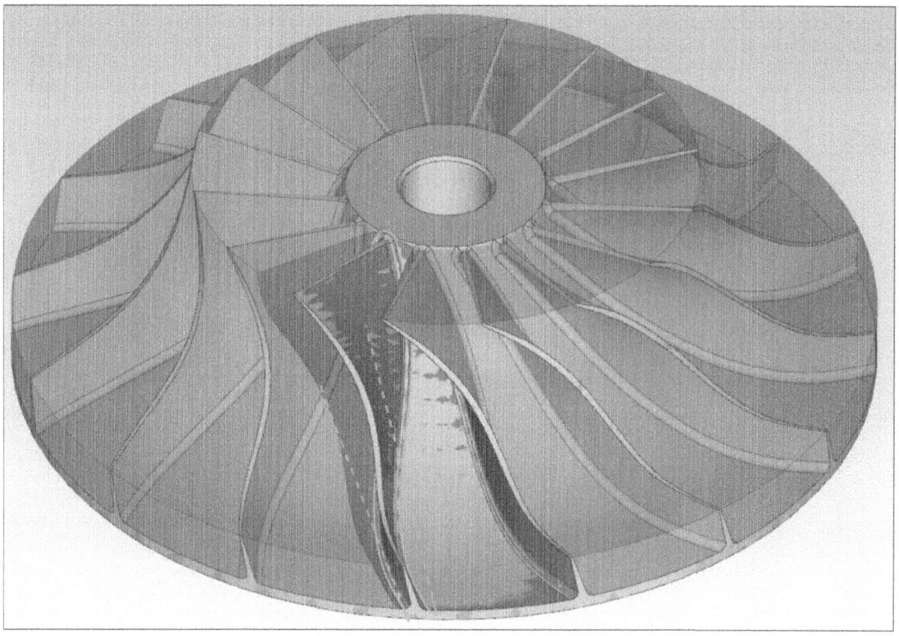

⑥ 시뮬레이션 탭에서 실행 버튼을 눌러 시뮬레이션을 확인한다.

⑦ NC코드를 출력한다.

PART Ⅵ

인벤터를 활용한 부품 모델링

Chapter 7. 5축 가공 부품 모델링

Chapter 7. 5축 가공 부품 모델링

7.1 인벤터를 활용한 모델링

(1) 인벤터 시작하기

1) 인벤터 화면 구성

① 시작화면

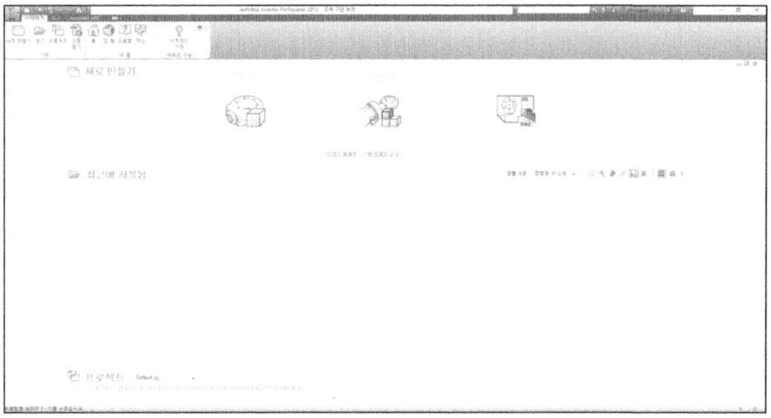

② 인벤터 메뉴 및 인터페이스 구성

어플리케이션 메뉴 - 파일 새로만들기, 열기, 저장, 인쇄 등의 기능이 포함된다.

퀵 메뉴 막대 - 어플리케이션에 포함된 메뉴의 일부를 간략하게 나타낸다.

패널 막대 - 리본 메뉴들을 그룹화 하고 있다.

리본 메뉴 막대

ViewCube - 화면을 제어하는 아이콘으로
작업화면을 조절할 수 있다.

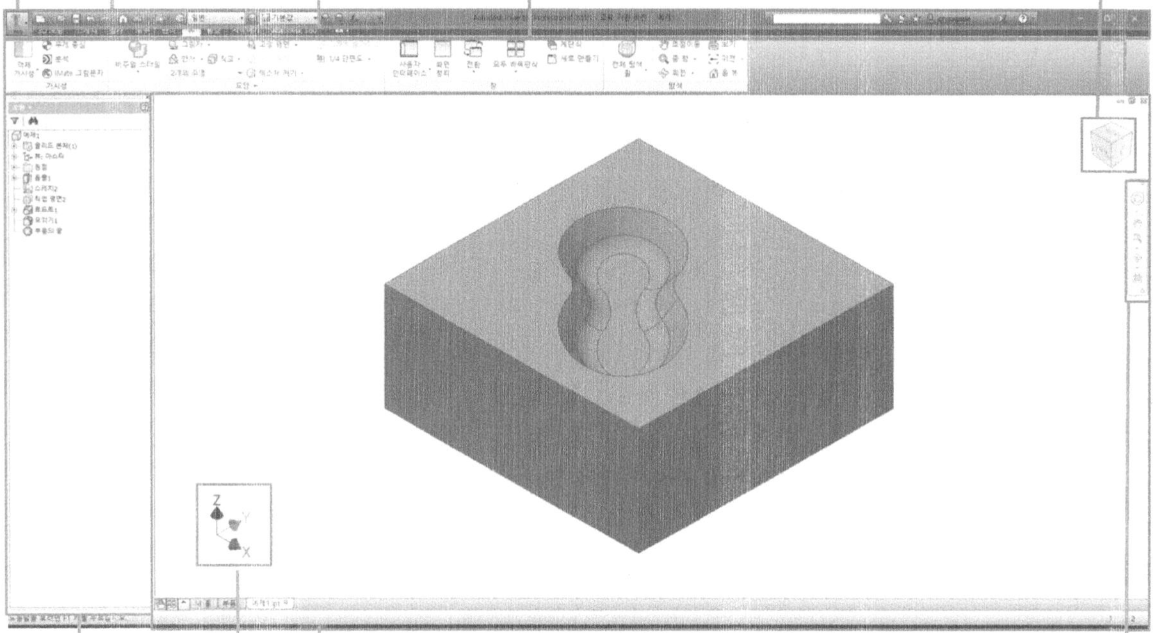

탐색 막대 - 화면을 제어하는 명령을 그룹화시켜 놓았다.

작업화면 창 - 작업이 이루어지는 영역을 나타낸다

좌표계 - 기본 좌표계로 작업 중인 화면의 좌표를 나타낸다.

검색기 막대 - 현재 작업 중인 파일의 트리와 구성요소를 나타낸다.

2) 마우스 조작

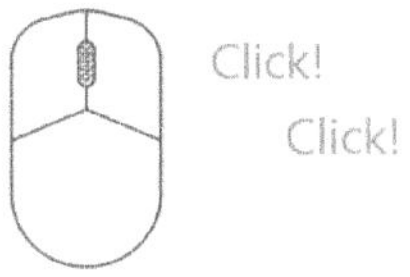	꽉찬 화면 표시 - 휠 스크롤을 더블 클릭한다. 키보드의 Home 키도 동일한 기능을 한다.
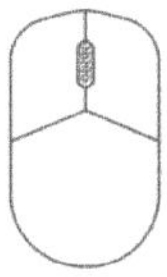	화면 확대 – 휠 스크롤을 아래로 움직인다.
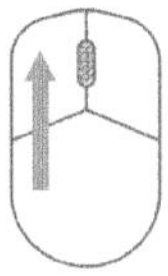	화면 축소 – 휠 스크롤을 위로 움직인다.
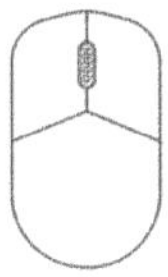	화면 이동 – 휠 스크롤을 누른 상태에서 마우스를 움직인다.
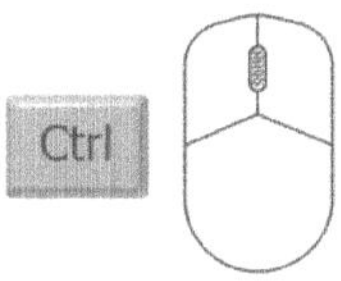	객체 회전 – 키보드의 Ctrl 키를 누른 상태에서 마우스 휠을 눌러서 마우스를 이동하면 객체가 회전한다.

7.2 블레이드 모델링 따라하기

① 새로만들기 → Metric Templates 의 Standard.ipt 부품파일을 작성한다.

템플릿 소개		
Sheet Metal.ipt	Sheet Metal.ipt	균일한 두께의 3D 부품 파일을 작성한다. (ex. 판금부품)
Standard.ipt	Standard.ipt	기본적인 3D 부품파일을 작성한다.
Standard.iam	Standard.iam	3D 부품파일을 결합하여 조립품을 작성한다.
Weldment.iam	Weldment.iam	용접으로 접합되는 조립품을 작성한다.
Standard.dwg	Standard.dwg	오토캐드와 연동되는 도면파일을 작성한다.
Standard.idw	Standard.idw	3D 부품파일의 정보가 포함된 도면파일을 작성한다.
Standard.ipn	Standard.ipn	조립품 순서 및 분해되거나 애니메이트된 조립품 파일을 작성한다.

② 부품파일을 만들기 위한 스케치 화면이 나타난다. 좌측 상단의 2D 스케치 시작 메뉴를 클릭한다.

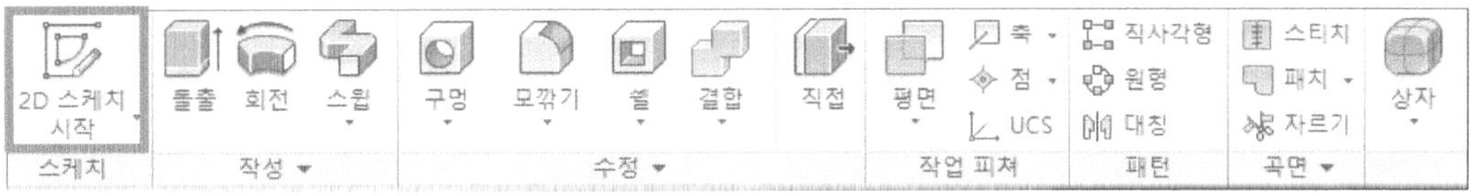

③ 스케치를 할 평면을 선택할 수 있다. 우리는 편리한 작업을 위해 XY Plane을 선택한다.

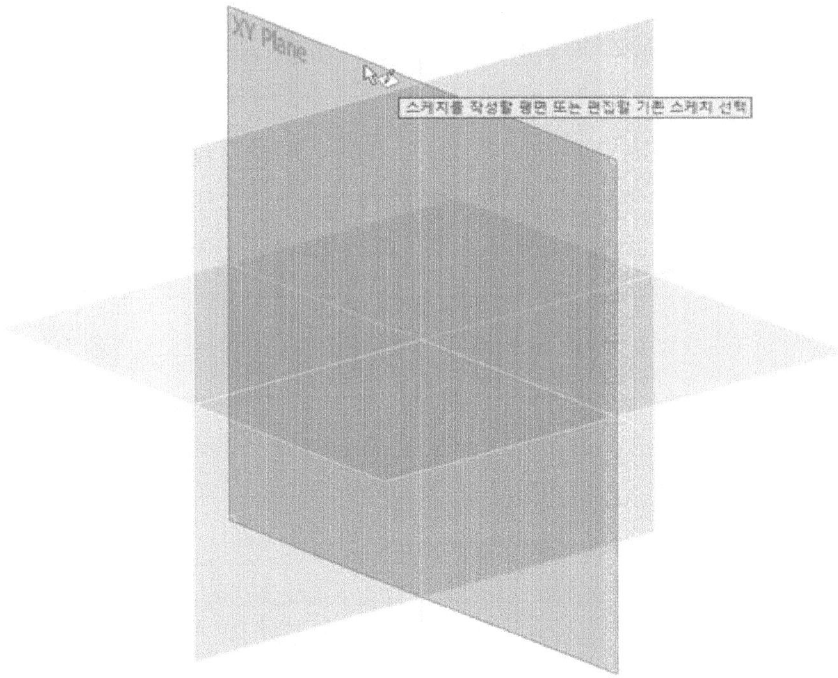

④ 평면을 선택하면 스케치 작업 화면이 나타나는데 화면 상단의 직사각형 명령을 사용하여 소재의 바닥면 스케치를 우선 작성한다.

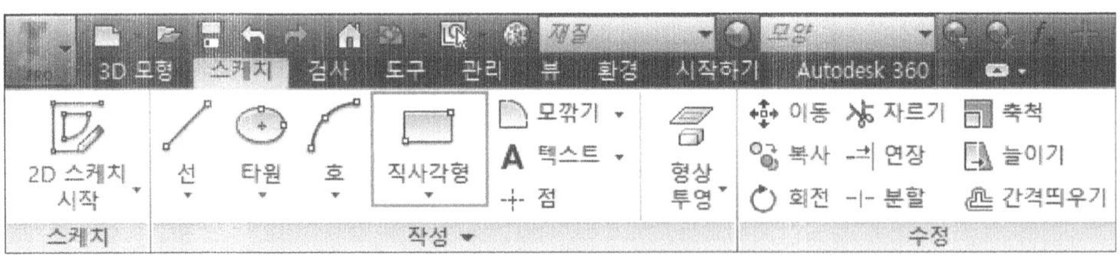

⑤ 가로가 84mm, 세로가 44mm 인 사각형을 그린 후 구성선으로 변경한다.

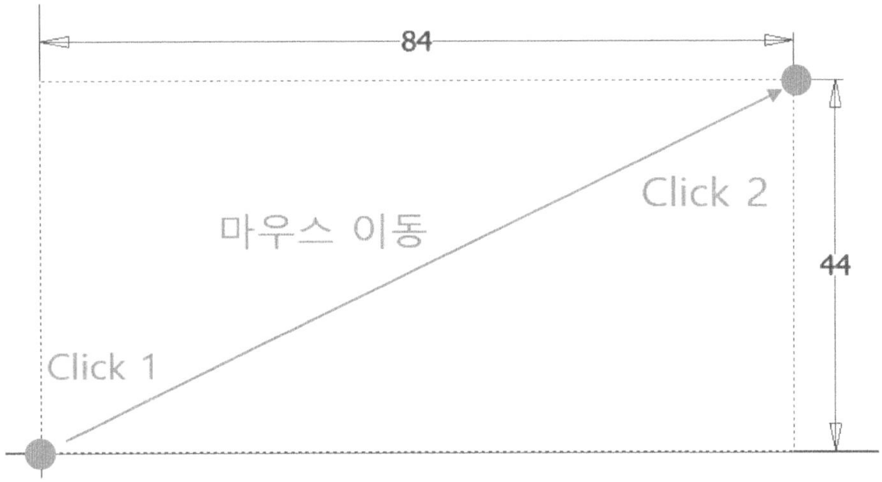

➜ 원점에서 마우스 Click 1 → 마우스를 오른쪽 위로 이동 → 치수입력칸이 활성화 됨 → 치수(84)입력 → 다시 Tab 키를 눌러 치수(44) 입력 → 마우스 Click 2

⑥ 원과 호 명령을 사용하여 아래와 같이 스케치한다.

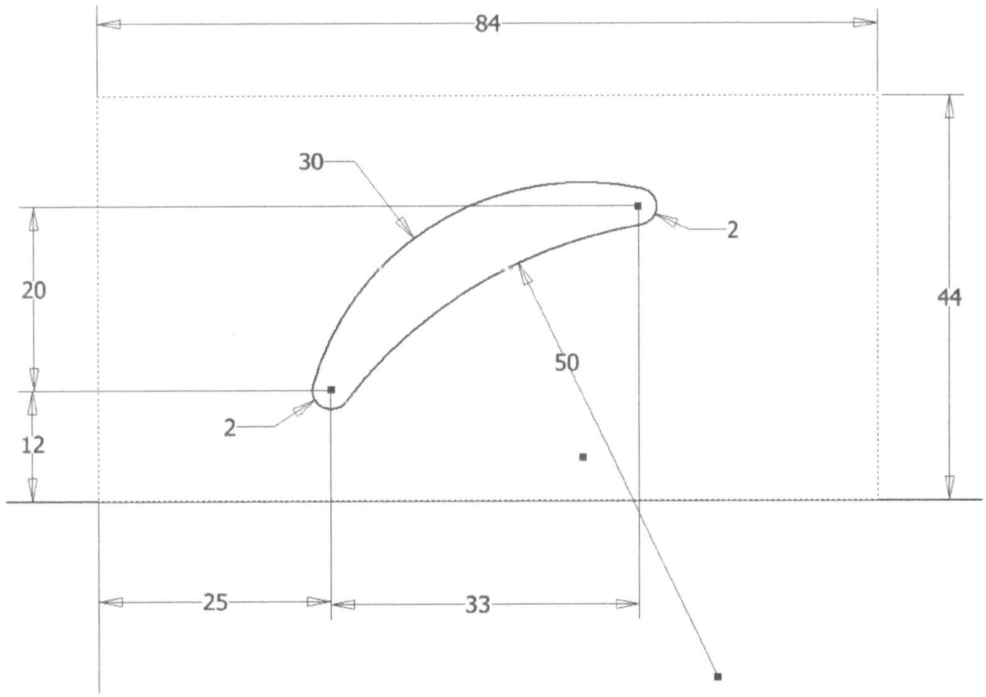

⑦ 스케치를 완성하였다면 화면 상단의 스케치 마무리를 클릭한다.

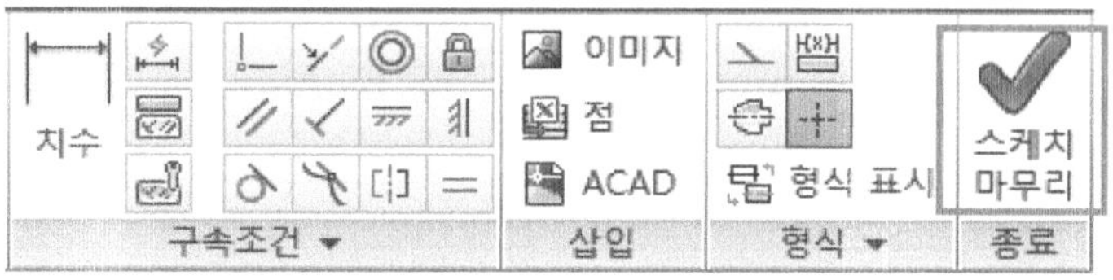

⑧ 우측 상단의 CUBE 근처로 마우스를 이동하면 아이콘이 나타난다. 아이콘을클릭하면 XY Plane 이 바닥으로 이동하는 것을 확인할 수 있다.

⑨ 평면에서 간격띄우기 명령을 사용하여 새로운 작업평면을 만들도록 한다. XY 평면을 선택한 후 -80mm 치수를 입력하면 아래 방향으로 80mm 의 위치에 새로운 스케치 평면이 생성한다.

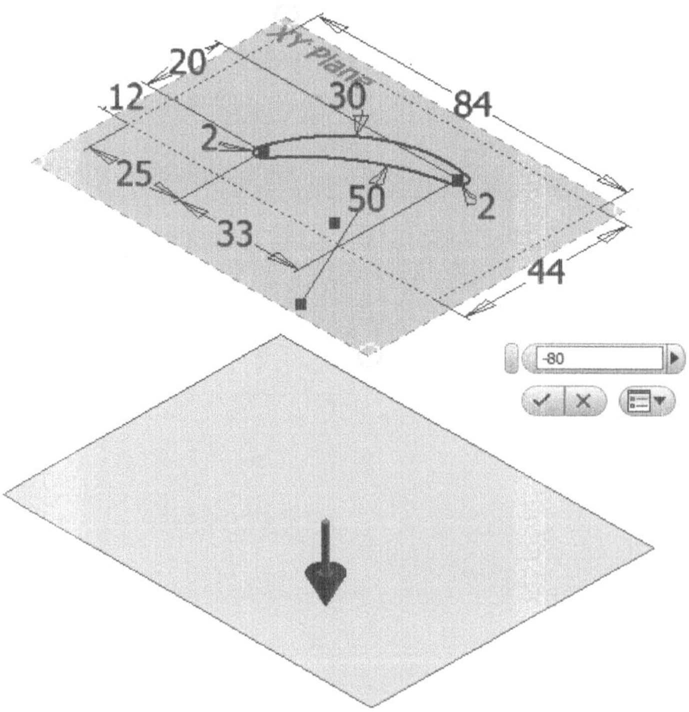

⑩ 새로 만든 평면을 선택하여 2D 스케치 시작명령을 실행한다. 키보드의 F7을 누르면 스케치면만 볼 수 있다.

⑪ XY평면에서 스케치한 내용을 참고하여 아래와 같이 스케치한다.

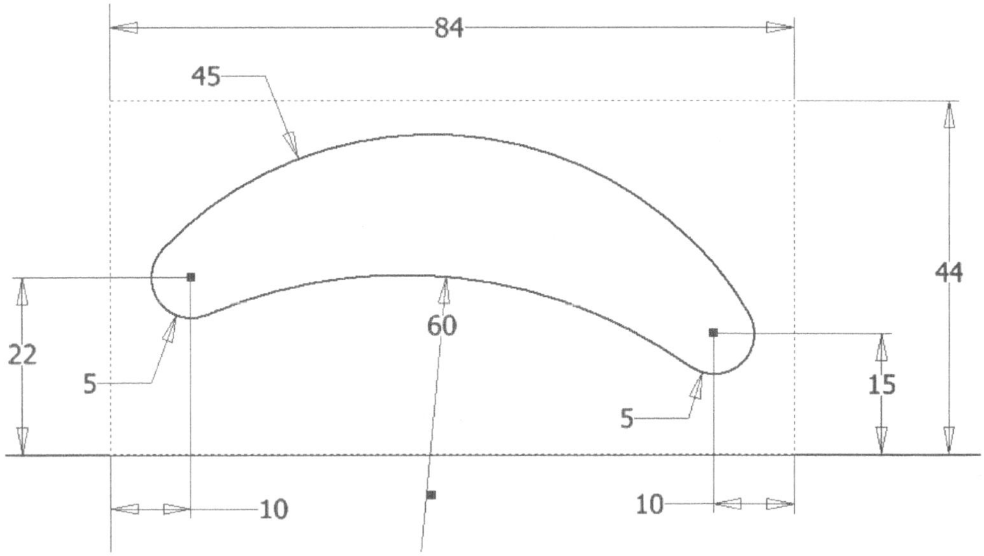

⑫ 로프트 명령을 사용하여 윗면의 스케치와 추가로 작성한 작업평면의 스케치를 각각 클릭하고 확인을 누른다.

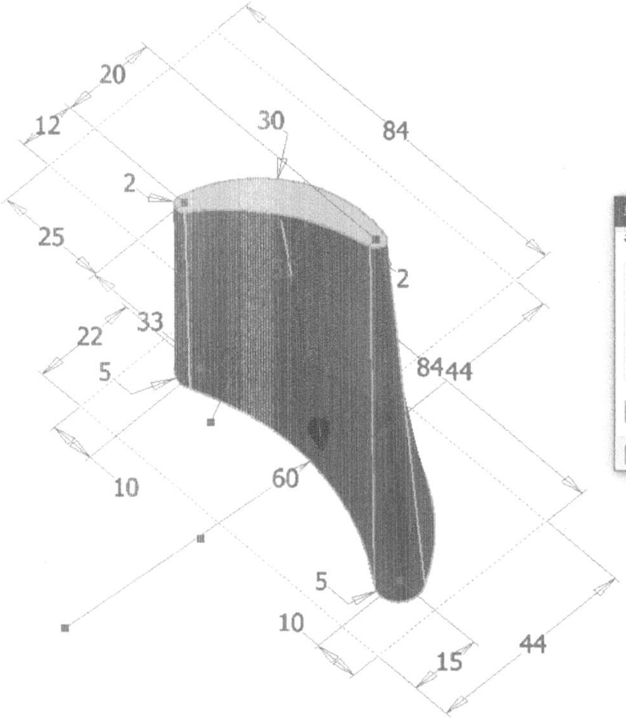

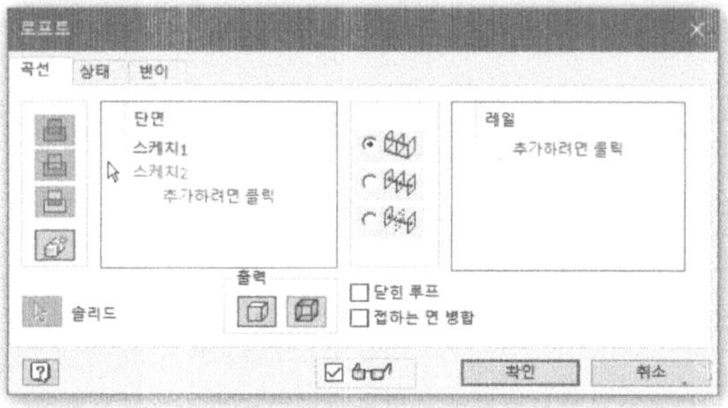

⑬ 앞에서 생성한 작업 평면1을 선택하고 2D 스케치 시작을 클릭한다. 가로가 84mm, 세로가 44mm인 사각형을 그린 후 스케치를 마무리한다.

⑭ 돌출 명령을 사용하여 윗면의 스케치와 추가로 작성한 작업평면의 스케치를 각각 클릭하고 확인을 누른다.

⑮ 방향2를 선택하고 거리값 50만큼 접합기능으로 돌출을 시킨다.

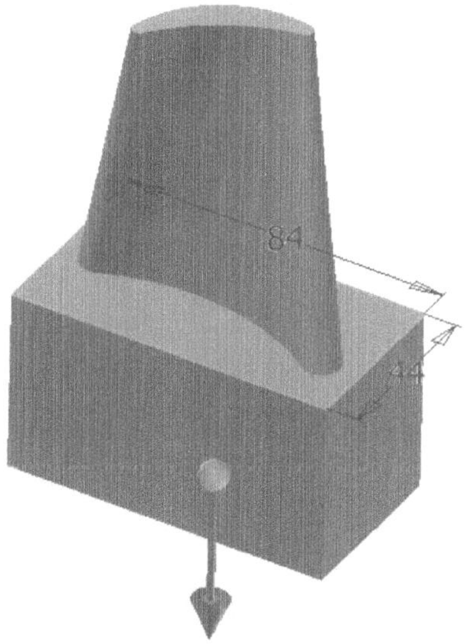

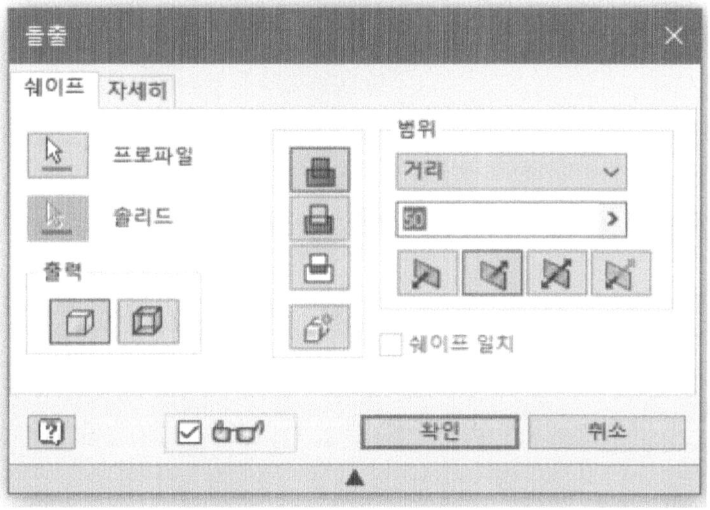

⑯ 모깍기 명령을 사용하여 반지름이 블레이드 상단부는 1mm 만큼, 하단부는 4mm 만큼 모깍기를 한다.

⑰ 아래와 같이 최종형상을 확인한 후 저장하도록 한다.

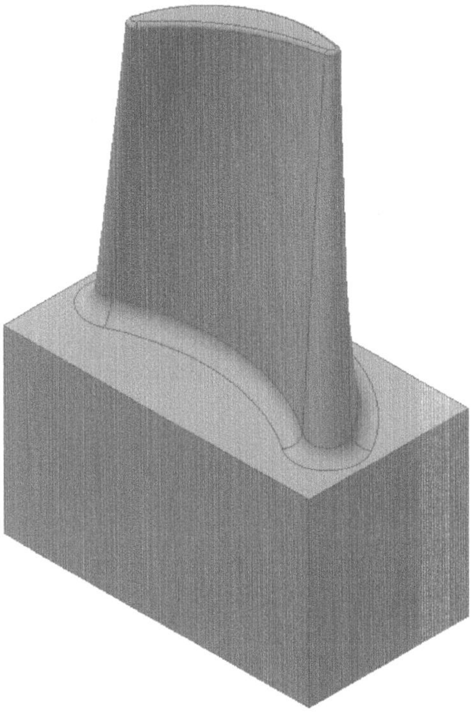

➜ 모델은 파일 -> 내보내기 -> CAD 형식(Parasolid 텍스트 파일(*.x_t)으로 저장한다.

작업 평면 생성 팁		
	평면에서 간격띄우기	지정된 간격띄우기 거리에서 선택된 면 또는 평면에 평행인 작업 평면을 작성한다.
	점을 통과하여 평면에 평행	점을 통과하여 선택된 점, 면 또는 평면에 평행인 작업 평면을 작성한다.
	두 평면 사이의 중간평면	두 평면형 면 또는 두 평면의 중간에 작업 평면을 작성한다.
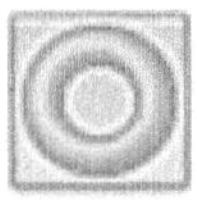	원환의 중간평면	원환의 중심 또는 중간평면을 통과하는 작업 평면을 작성한다.
	모서리를 중심으로 평면에 대한 각도	면 또는 모서리를 중심으로 각이 진 작업 평면을 작성한다.
	3점	세 끝점, 중간점, 교차점 또는 작업점을 통과하는 작업 평면을 작성한다.
	두 개의 동일평면상 모서리	두 개의 동일평면상 작업축, 모서리 또는 선을 통과하는 작업 평면을 작성한다.
	모서리를 통과하여 곡면에 접함	모서리를 통과하고 곡면에 접하는 작업 평면을 작성한다.
	점을 통과하여 곡면에 접함	끝점, 중간점 또는 작업점을 통과하고 곡면에 접하는 작업 평면을 작성한다.
	곡면에 접하고 평면에 평행	곡면에 접하고 평면에 평행한 작업 평면을 작성한다.
	점을 통과하여 축에 수직	끝점, 중간점 또는 작업점을 통과하고 모서리 또는 작업축에 직각인 작업 평면을 작성한다.
	점에서 곡선에 수직	꼭지점, 모서리 중간점, 스케치 점 또는 작업점을 통과하고 곡선에 직각인 작업 평면을 작성한다.

7.3 골프공 트로피 모델링 따라하기

① 새로만들기 → Metric Templates 의 Standard.ipt 부품파일을 작성한다.

② 부품파일을 만들기 위한 스케치 화면이 나타난다. 좌측 상단의 2D 스케치 작성 메뉴를 클릭한다.

③ 스케치를 작성할 평면을 YZ Plane으로 선택한다.

④ 평면을 선택하면 스케치 작업 화면이 나타나는데 형상 투영 명령을 사용하여 x, y축을 각각 형상 투영하고 구성선으로 바꿔주도록 한다.

⑤ 화면 상단의 원 명령을 사용하여 임의의 위치에 지름이 50mm인 원을 작성한다.

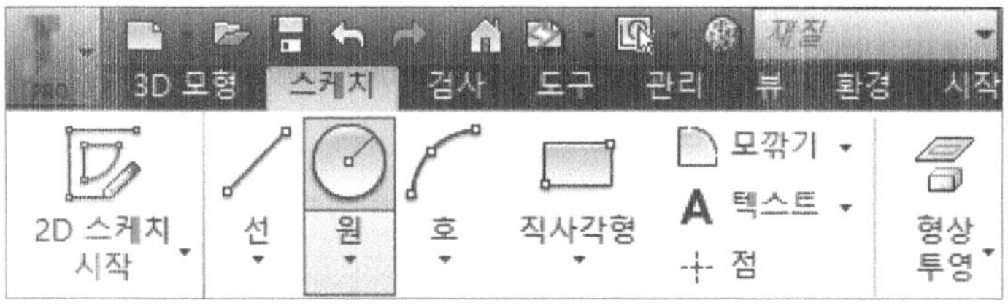

⑥ 접선 구속조건 명령을 사용하여 Y축 구성선과 접하도록 구속하고 일치 구속조건을 사용하여 원의 중심점이 Z축과 일치하도록 구속한다.

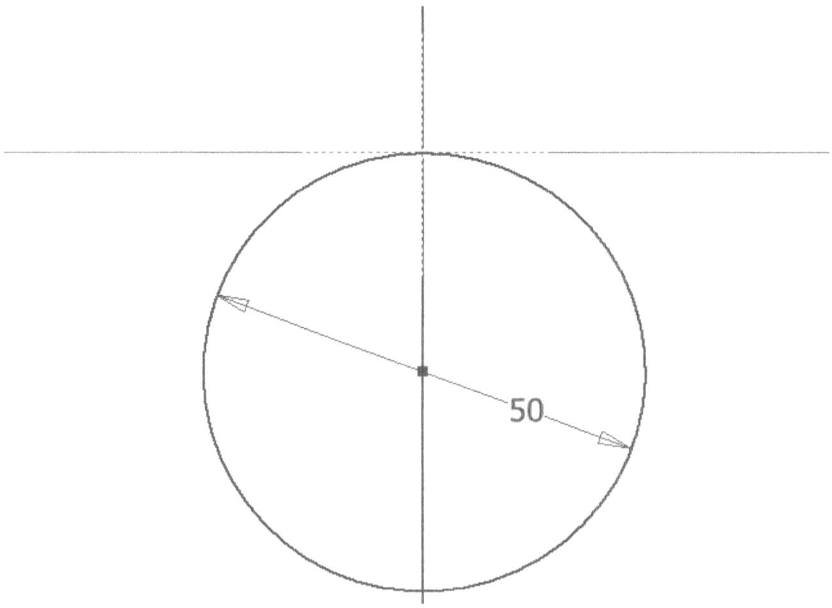

⑦ 자르기 명령을 사용하여 아래와 같이 1/4원이 되도록 스케치를 수정한다. 투영된 Z축은 중심선으로 변경하도록 한다.

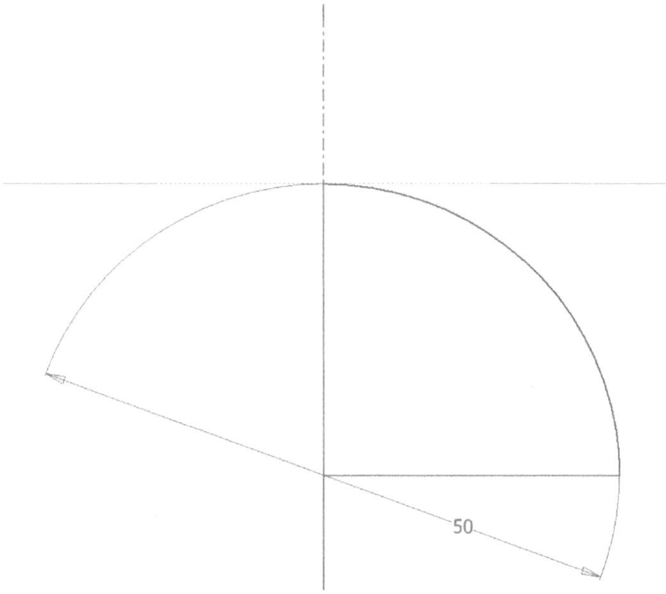

⑧ 스케치를 마무리하고 회전 명령으로 반구의 솔리드가 되도록 회전한다.

⑨ YZ평면에서 스케치 시작을 실행하고 호 명령을 사용하여 아래와 같이 스케치한다.

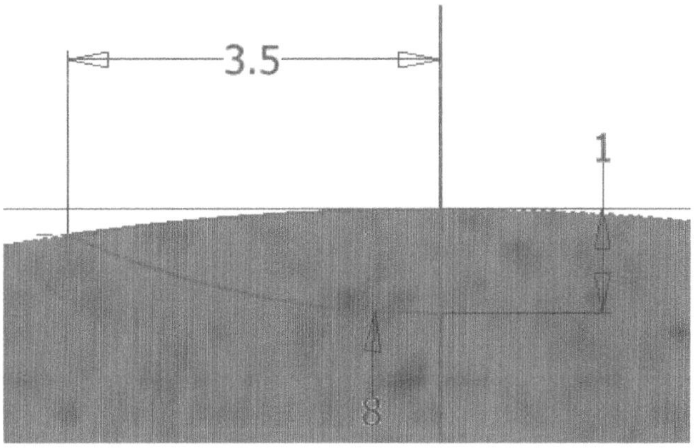

⑩ 스케치를 마무리하고 회전 명령을 실행한다. 차집합 기능으로 스케치 형상을 제거하도록 회전을 실행한다.

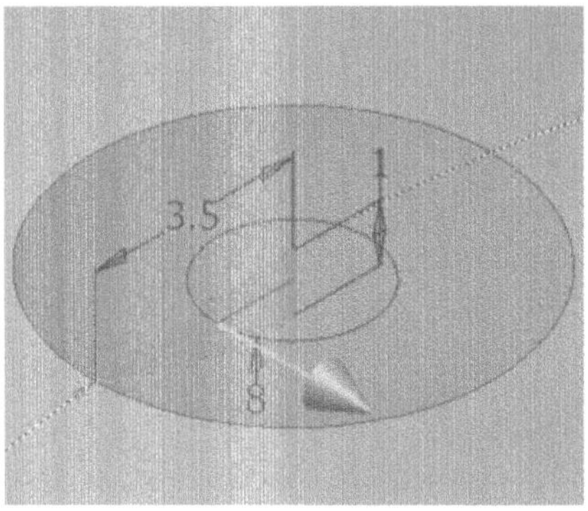

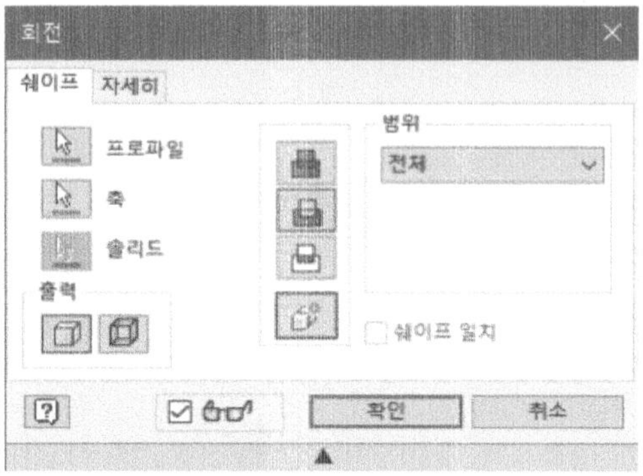

⑪ 원형 패턴 명령을 사용하기 위해 작업축을 추가해주도록 한다. 반구의 바닥면에 스케치를 작성한다. Y축을 형상 투영하고 구성선으로 바꾼다음 스케치를 마무리하도록 한다.

⑫ 작성한 스케치는 작업축으로 생성해주도록 한다. 축 명령을 클릭하고 스케치한 선을 선택한다.

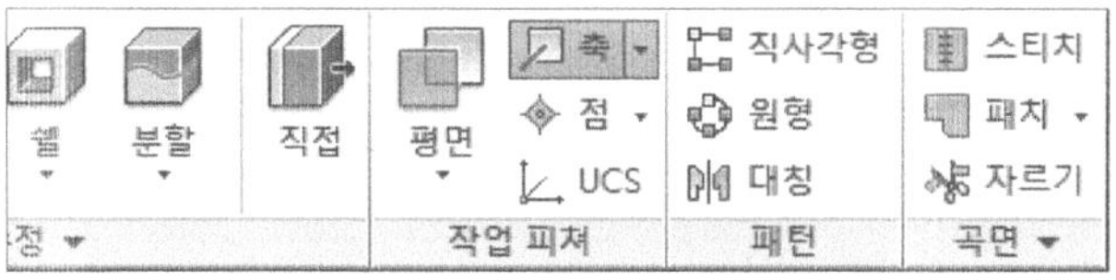

⑬ 원형 패턴 명령을 사용하여 회전축은 작업축1을 선택하고 피처는 차집합으로 회전시킨 피처를 선택하도록 한다. 배치는 2, 각도는 30도로 설정한다.

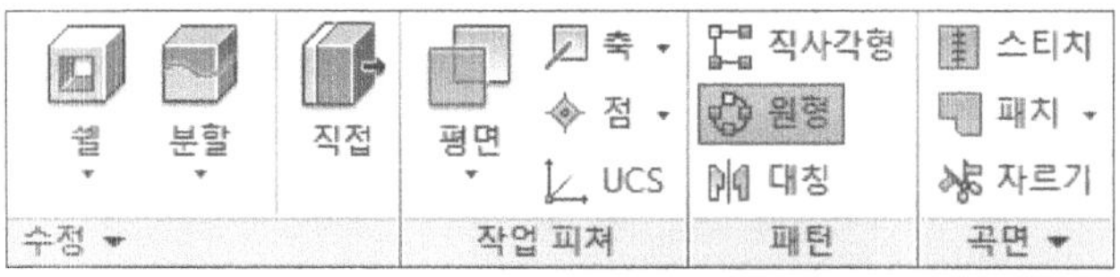

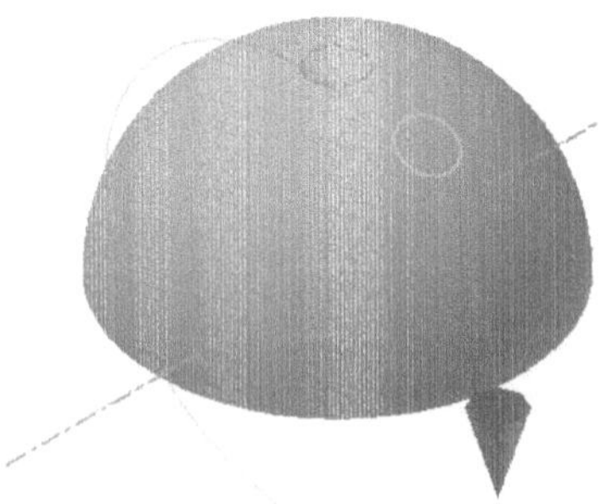

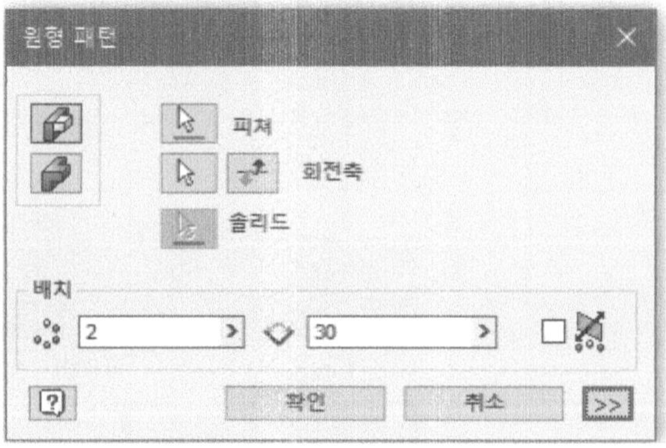

⑭ 동일한 피처를 대상으로 배치2, 각도 60도와 90도로 원형 패턴을 작성한다.

⑮ 생성된 각각의 원형 패턴 피처를 대상으로 원형 패턴을 실행하여 아래와 같은 형상을 만들도록 한다. 회전축은 Z축이 되어야 한다. 30도에 위치한 피처의 배치 개수는 6개, 60도는 8개, 90도는 12개를 배치항목으로 설정하고, 각도는 360도 고정으로 회전시킨다.

⑯ 대칭 명령을 사용하여 작업한 솔리드를 반구의 바닥면을 기준으로 대칭시킨다.

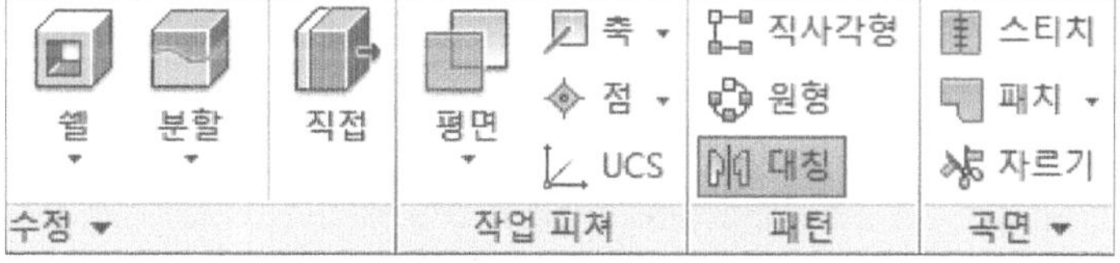

⑰ XY 평면에서 아래 방향으로 40mm 떨어진 거리에 작업평면을 만들어 준다. 생성한 작업평면 1에 지름이 32인 원을 그려준다.

⑱ XY 평면에서 아래 방향으로 90mm 떨어진 거리에 작업평면을 만들어 준다. 생성한 작업평면 2에 지름이 20mm인 원을 그려준다.

⑲ 로프트 명령을 사용하여 위쪽 원과 아래쪽 원을 연결하는 솔리드를 생성한다.

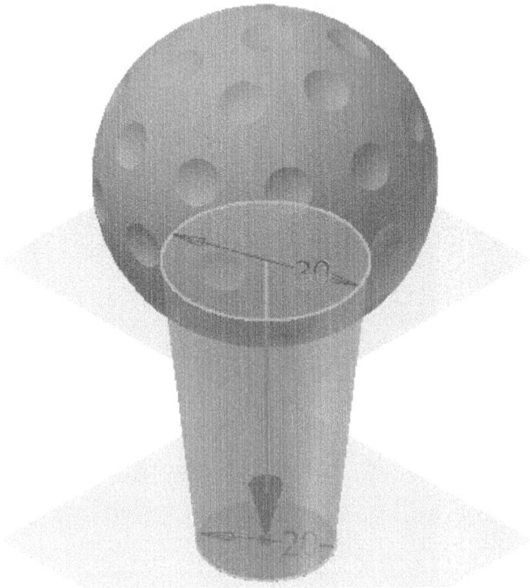

⑳ 작업평면 2에 지름이 60mm인 원을 스케치하고, 아래 방향(방향2)으로 50mm만큼 출한다.

㉑ 모깍기 명령을 사용하여 로프트한 솔리드의 상하부에 반지름이 15mm로 모깍기를 추가한다.

㉒ 아래와 같이 최종형상을 확인한 후 저장하도록 한다.

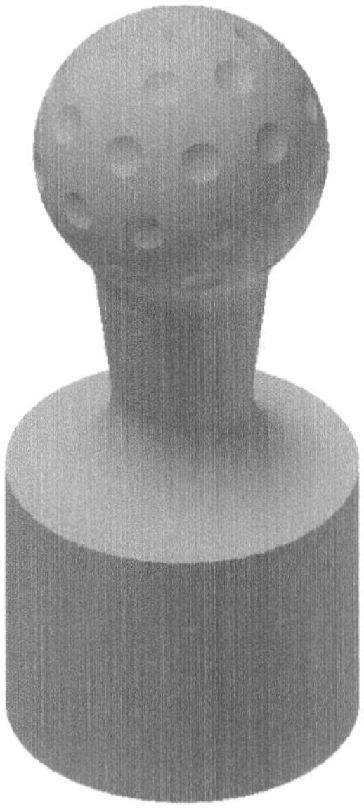

7.4 임펠러 모델링 따라하기

① 새로만들기 → Metric Templates 의 Standard.ipt 부품파일을 작성한다.

② 부품파일을 만들기 위한 스케치 화면이 나타난다. 좌측 상단의 2D 스케치 작성 메뉴를 클릭한다.

③ 스케치를 작성할 평면을 XY Plane으로 선택한다.

④ 평면을 선택하면 스케치 작업 화면이 나타나는데 형상 투영 명령을 사용하여 x, y축을 각각 형상 투영하고 구성선으로 바꿔주도록 한다.

⑤ 화면 상단의 원 명령을 사용하여 임의의 위치에 지름이 110mm인 원을 작성한다.

⑥ 일치 구속조건을 사용하여 원의 중심점이 X, Y축과 일치하도록 구속한다.

⑦ 스케치를 마무리하고, 화면 상단의 돌출 명령을 이용하여 방향2를 선택하고 거리값 10만큼 돌출시킨다.

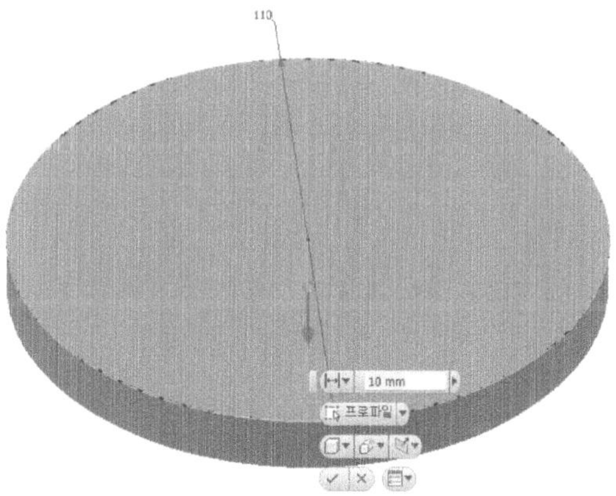

⑧ XZ 평면에 2D 스케치를 시작한다.

⑨ 아래와 같이 스케치한다.

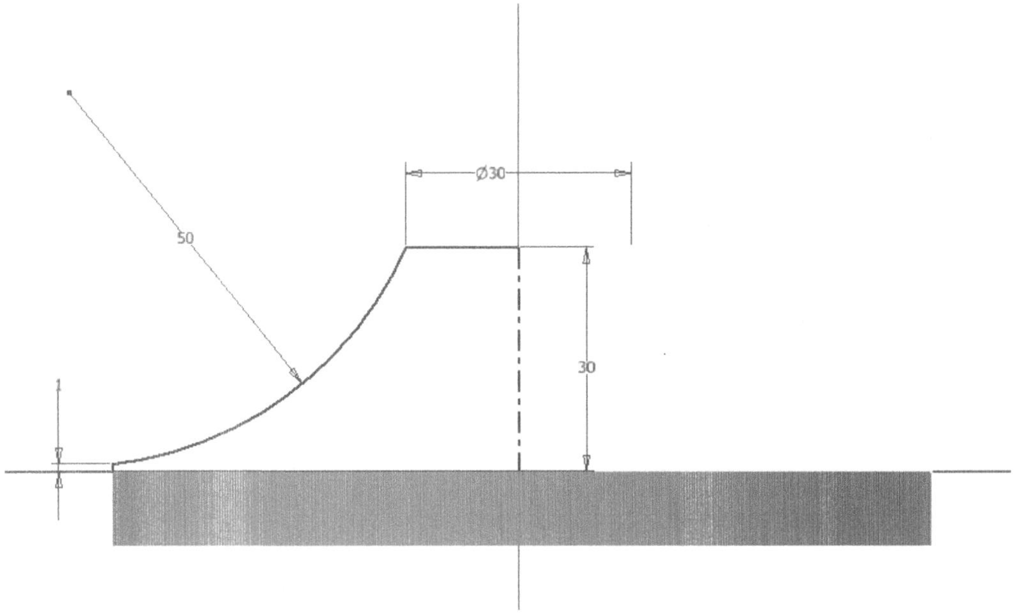

⑩ 스케치를 마무리하고, 화면 상단의 회전 명령을 이용하여 기둥을 만든다.

⑪ XZ 평면에 2D 스케치를 시작한다.

⑫ F7키를 이용하여 스케치 평면의 절단면과 스케치가 보이도록 한다.

⑬ Z축을 형상 투영하고 구성선으로 바꾼다.

⑭ 스플라인(보간) 명령을 클릭한다. 스플라인(보간)은 작업자가 찍은 점을 지나는 곡선을 생성한다.

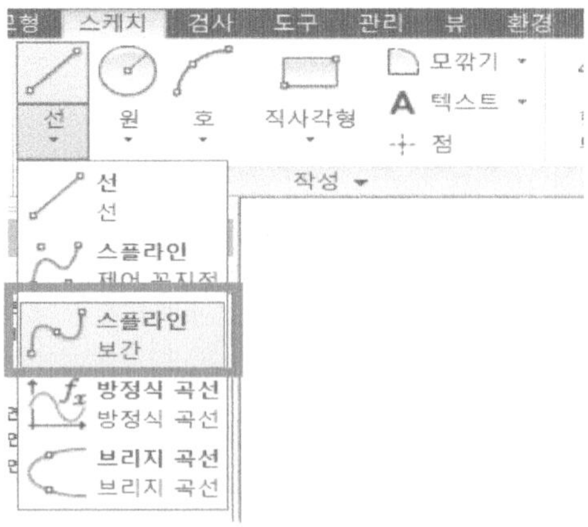

⑮ 아래와 같이 스케치하고, 곡선을 구성선으로 바꾼다.

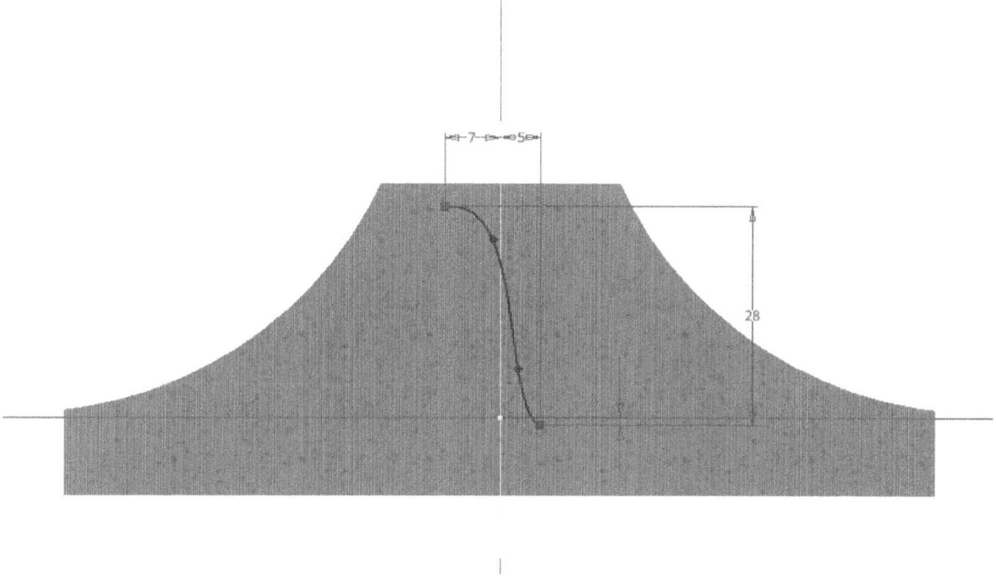

⑯ 간격띄우기 명령을 이용하여 곡선을 양쪽에 각각 1mm씩 띄워진 곡선을 생성한다.

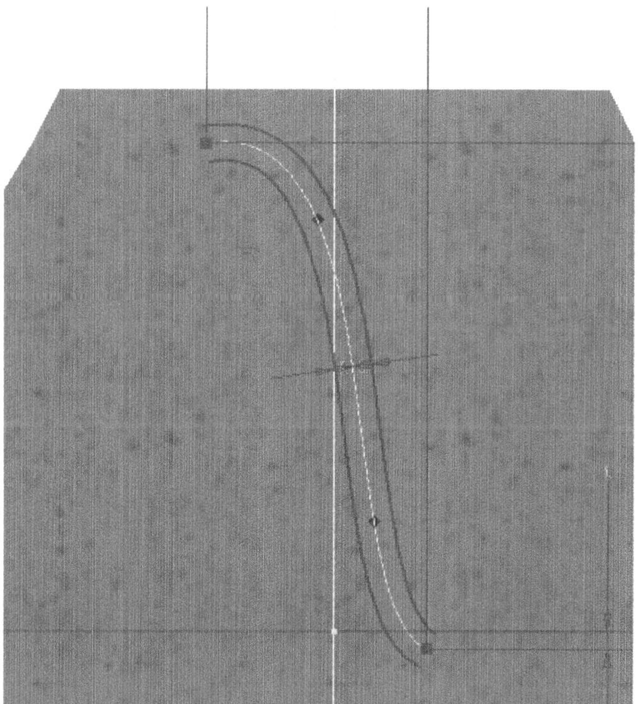

⑰ 호 명령을 이용하여 간격띄우기로 생성된 두 곡선을 연결하는 반지름 1mm 호를 양쪽 끝에 각각 작성한다.

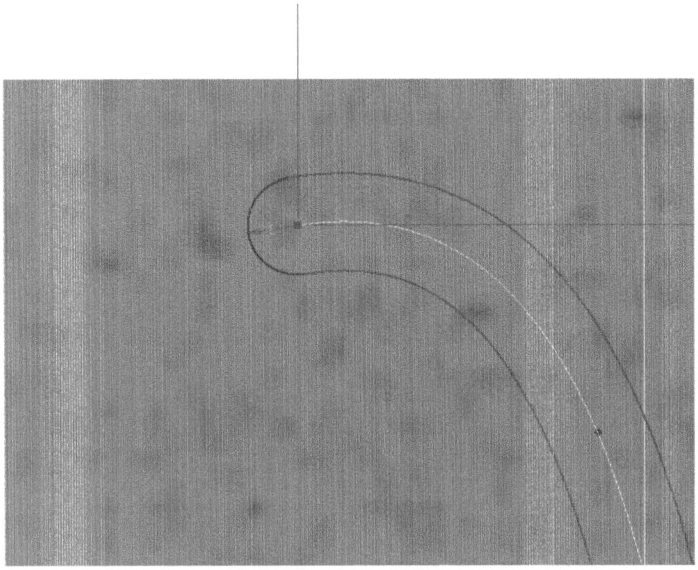

⑱ 스케치를 마무리하고, XZ평면에서 -60mm 띄워진 작업평면1을 작성한다.

⑲ 작업평면1에 2D 스케치를 시작한다.

⑳ 위와 같은 방법으로 아래와 같이 스케치한다.

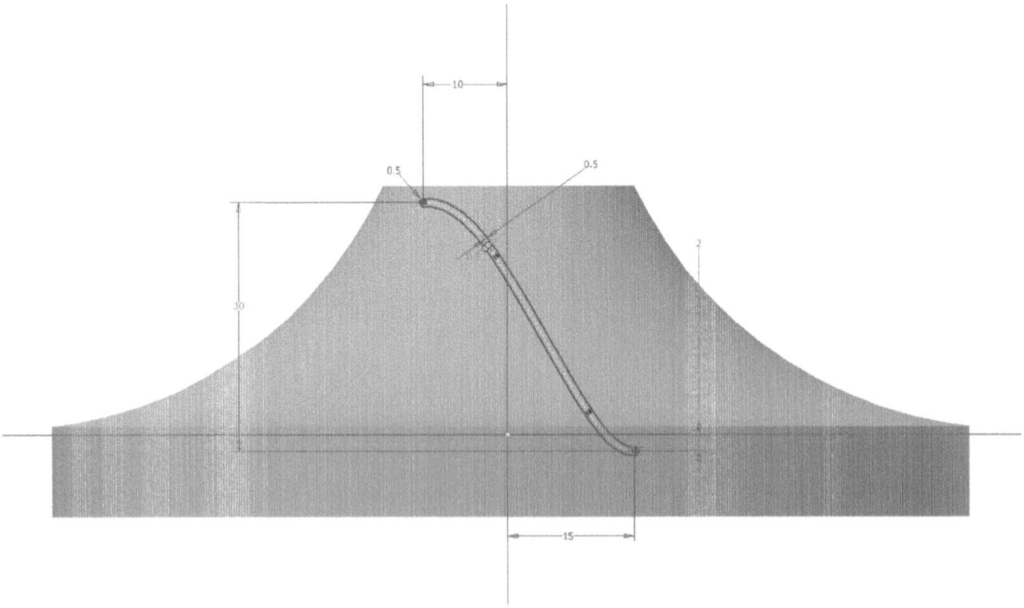

㉑ 로프트 명령을 사용하여 XZ 평면의 스케치와 추가로 작성한 작업평면의 스케치를 각각 클릭하고 확인을 누른다.

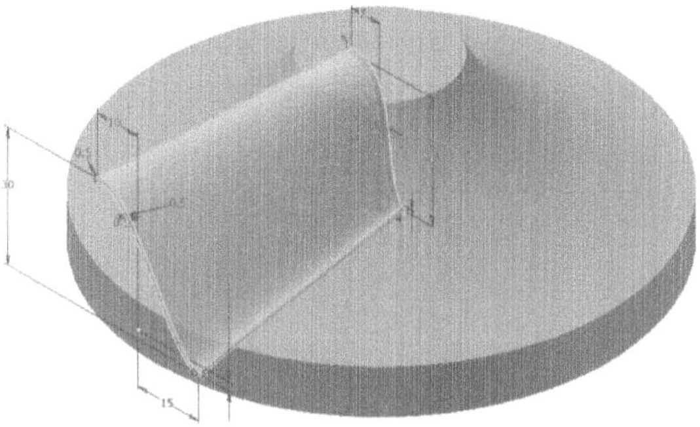

㉒ YZ 평면에 2D 스케치를 시작한다.

㉓ 아래와 같이 스케치를 한다.

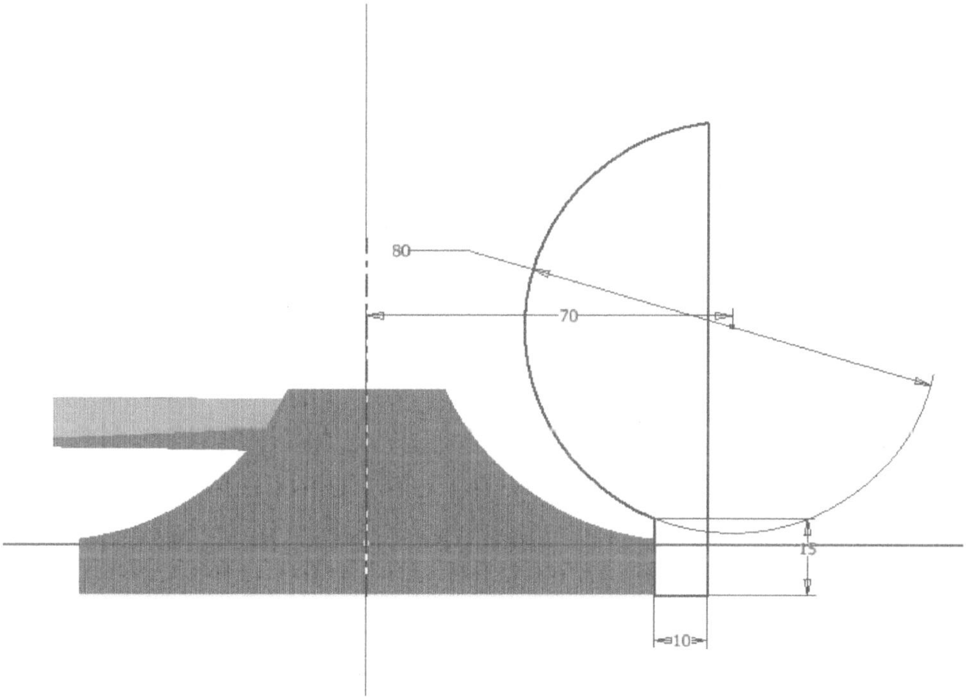

㉔ 아래와 같이 스케치하고, 회전 명령을 실행한다.

㉕ 차집합 기능으로 블레이드 모양을 다듬는다.

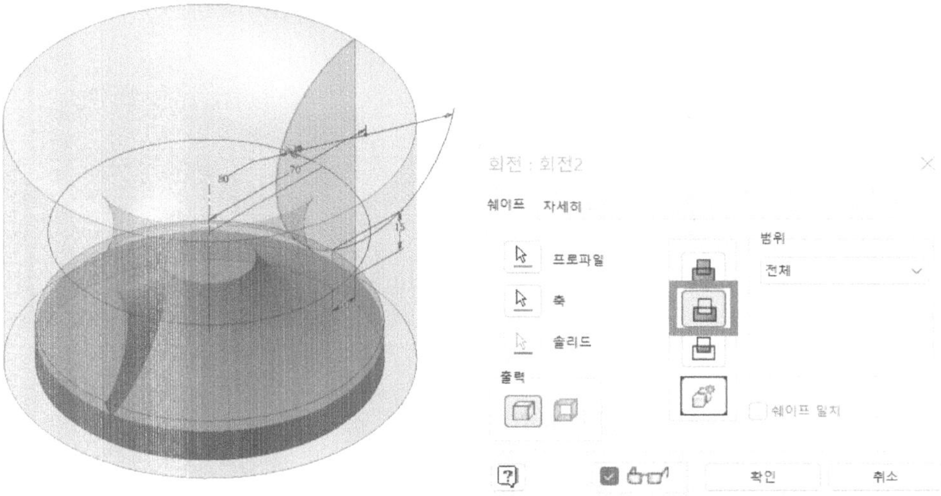

㉖ 아래와 같이 반지름 1mm로 모깎기를 한다.

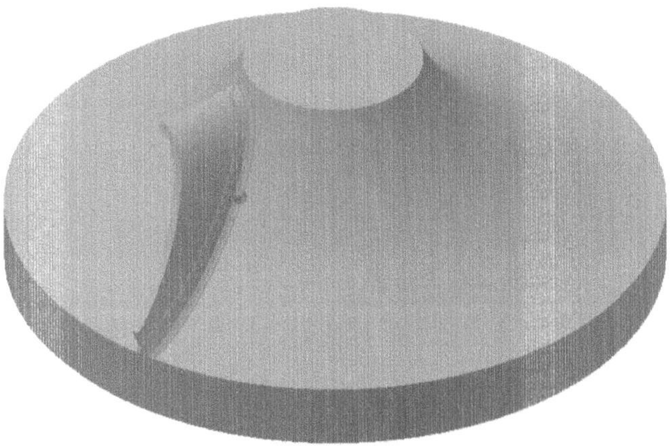

㉗ 원형 패턴 명령을 실행한다.

㉘ 피처는 로프트1, 회전2, 모깎기1을 선택하고, 회전축은 Z축으로, 배치에 개수 12개, 각도 360도로 설정하여 블레이드 피처를 작성한다.

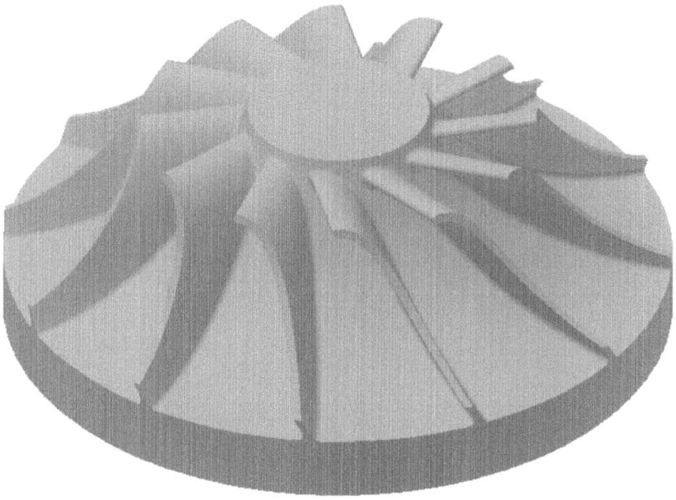

CAM가공을 위한 ESPRIT

2023년 11월 10일 인쇄 발행

저 자 조남성
발 행 인 송기수
발 행 처 도서출판 위즈덤플
편 집 처 도서출판 위즈덤플
편 집 인 공예서
표지디자인 도서출판 위즈덤플
인 쇄 처 트윈벨미디어
등 록 번 호 제 2015-000009 호
I S B N 979-11-89342-56-2(93530)

주 소 서울 은평구 증산로 15길 69, 2층
전 화 02-976-7898, 02-3272-7898.
팩 스 02-6468-7898
홈페이지 gsintervision.kr
E-Mail gsinter7@gmail.com

정 가 25,000원